普通高等教育"十二五"高职高专规划教材·专业课（理工科）系列

工程测量实验实训指导书

中国高等教育学会　组织编写

主　编　李　梅

副主编　刘学军　牛志宏

主　审　陈正耀　许金渤

中国人民大学出版社
·北京·

根据高职高专培养技术应用型人才的目标要求，为了使土木类、测绘类专业的学生更好地掌握实用测量技术，编写了本书。本书在编写形式及内容上，充分体现了"以学生为主体、以能力为本位、以就业为导向、强化素质教育"的最新教学改革方向，力求做到知识点到位、覆盖面够用、语言叙述简洁，既防止长篇大论，又力求深入浅出，强调学生的动手训练环节，具有简洁适用性。本书是土木类、测绘类专业测量学实践性教学的必备用书，也可供有关工程技术人员学习参考。

本书共包括五部分，第一部分为测量实验实训须知；第二至第四部分分别介绍了基础测量、专业测量和工程测量的相关实验和实训指导；第五部分为技能操作模拟试题。每个实验实训项目都按照常用授课顺序编排，对每个实验的目的、任务、操作步骤等都作以简易描述，以方便学生实际操作；每个实验实训项目都附有相应的数据记录表、成果计算表和实验实训报告表，以方便学生记录。在实际使用过程中，可根据学生所学专业的不同，酌情选择本书相应的实验实训项目。

本书由辽宁城市建设职业技术学院李梅担任主编，德州职业技术学院刘学军、长江工程职业技术学院牛志宏担任副主编，辽宁城市建设职业技术学院王巍巍、赵凯、刘丹、矫丽娜、宋霜霜、周佳佳、商云霞和德州职业技术学院姚玲云参与了编写。编写人员分工如下：第一部分、第二部分由李梅编写；第三部分实验一由牛志宏编写，实验二至实验四由刘学军编写；第四部分实训一和实训二由李梅和赵凯编写，实训三由矫丽娜和宋霜霜编写，实训四由周佳佳和刘丹编写，实训五由王巍巍和商云霞编写；第五部分由姚玲云编写。全书由李梅统稿。

本书由辽宁城市建设职业技术学院陈正耀教授、许金渤高级工程师担任主审，他们对书稿提出了许多宝贵意见，在此表示衷心的谢意。由于编者水平有限，书中欠妥之处敬请读者提出宝贵意见。

感谢中国高等教育学会和中国人民大学出版社对本书编辑出版工作的大力支持。

编者

2013 年 5 月

目 录

第一部分　测量实验实训须知

工程测量课是一门实践性很强的专业骨干课，测量实验实训是课程教学中必不可少的环节，是理论联系实际的重要途径。学生只有通过实验实训，才能巩固课堂所学的基本理论，掌握测量仪器操作的基本技能和测量作业的基本方法，培养独立思考、分析和解决实际问题的能力，真正达到提高实践动手能力的目的。因此，每位同学务必在教师的指导下，按时保质保量完成好各项实验实训任务，以满足本专业后续课程学习和日后工作的需要。

一、测量实验实训规定

1. 在实验实训前，必须复习教材中的有关内容，认真仔细地预习，明确目的，了解任务，熟悉实验实训步骤，注意有关事项，并准备好所需文具用品。

2. 实验实训须分小组进行，采取组长负责制，负责组织协调实验工作，办理所用仪器工具的借领和归还手续。小组成员应团结协作，相互配合。

3. 实验实训应在规定的时间和场地进行，不得无故缺席、迟到、早退，不得擅自改变地点或离开现场。

4. 必须严格遵守本指导书中的"测量仪器工具的借领与使用规则"及"测量记录与计算规则"，爱护仪器工具，遵守操作规程。

5. 服从教师的指导，严格按实验实训的要求，认真、按时、按质、按量完成各项任务，经指导教师审阅同意后，才可交还仪器工具，并提交书写工整的实验实训报告。如发现超限，应及时进行重测，严禁编凑数据、伪造成果，如有伪造行为，经教育不改者，取消本课程成绩。

6. 在实验实训过程中，应遵守学院纪律，爱护现场的花草树木及农作物，爱护各种公共设施，严禁砍折、踩踏或损坏公物，爱护环境卫生。

二、测量仪器工具的借领与使用规则

对测量仪器和工具的正确使用、精心爱护和科学保养，是测量人员必须具备的基本素质和应该掌握的技能，也是保证测量成果质量、提高工作效率和延长仪器工具使用寿命的必要条件。因此，在仪器和工具的借领与使用中，必须严格遵守下列规定。

（一）仪器工具的借领

1. 因测量仪器比较贵重，故借领时须以小组为单位，由小组长在"仪器借用表"上填好所借仪器工具、班级、组号、日期、借用者签名并经指导教师签字同意后，才能借领仪器工具。

2. 借领时应当场清点检查，实物与清单是否相符，仪器工具及附件是否齐全，背带及提手是否牢固，脚架是否完好等。如有缺损，应当及时更换。

3. 离开实验室之前，必须锁好仪器箱并拿好各种工具。搬运仪器工具时，必须轻拿轻放，避免剧烈震动。

4. 借出仪器工具之后，不得与其他小组擅自调换或转借。

5. 实验实训结束后，应及时收装仪器工具，送还实验室检查验收。如有遗失或损坏，应写出书面报告说明情况，并按有关规定予以赔偿。

（二）仪器的使用

1. 在三脚架安置稳妥之后，方可开启仪器箱。取出仪器前，要看清仪器在箱中的存放位置，避免装箱困难。

2. 提取仪器前，应先松开制动螺旋，再用双手握住支架或基座轻轻取出仪器，放在三脚架上，保持一手握住仪器，一手去拧连接螺旋，并做到连接牢固。

3. 安置仪器之后，应随即关好仪器箱，防止灰尘和湿气进入箱内。严禁坐在仪器箱上，仪器不论是否操作，必须有人看护，防止无关人员搬弄或行人车辆碰撞。

4. 在观测过程中，如发现镜头上有灰尘，可用镜头纸或软毛刷轻轻拂出，严禁用手指或手帕等物擦拭，以免损坏镜头上的护膜。

5. 转动仪器，应先松开制动螺旋，再轻轻转动。使用微动螺旋时，先旋紧制动螺旋。微动螺旋和脚螺旋不要旋到顶端，使用各种螺旋用力应轻而均匀，以免损伤螺丝。

6. 在野外使用仪器时，应该撑伞，严防日晒雨淋。

7. 在仪器发生故障时，应及时报告指导教师，不得擅自处理。

（三）仪器的搬迁

1. 在行走不便的地方或远距离搬迁时，必须将仪器装箱后再搬迁。

2. 短距离搬迁时，可以仪器和脚架一起搬，其方法是：检查并旋紧中心连接螺旋，松开各制动螺旋（经纬仪物镜应对向度盘中心，水准仪物镜应向后）；再收拢三脚架，左手抓住仪器，右手抱住脚架，近于垂直地搬移。严禁斜扛仪器，以防碰摔。

3. 搬移时，小组其他人员应协助观测员带走仪器箱和其他工具。

（四）仪器的装箱

1. 每次使用仪器之后，应及时清除仪器的灰尘及脚架上的泥土。

2. 仪器拆卸时，应先将脚螺旋旋至大致同高的位置，然后一手握住仪器，一手松开连接螺旋，双手取下仪器。

3. 仪器装箱时，应先松开各制动螺旋，使仪器就位正确，试关箱盖确认放妥后，关箱上锁或上扣，切不可强压箱盖，以防压坏仪器。

4. 清点所有附件和工具，防止遗失。

（五）测量工具的使用

1. 钢尺应防止扭结、折断，防止行人踩踏或车辆碾压，尽量避免尺身着水。携尺前进时，应将尺身提起，不得沿地面拖行，以防损坏刻度。用完后，应及时擦净，以防生锈。

2. 皮尺应均匀用力拉伸，避免着水、受压。如受潮应及时凉干。

3. 标尺、花杆应注意防水、防潮、防止横向受压，不能磨损尺面刻度和漆皮，不用时平放在地面或斜靠在墙角处。

4. 小件工具如垂球、测钎、钉锤等，要做到用完即收，防止遗失。

5. 一切测量工具都应保护清洁，由专人保管，不能随意放置，更不能作为捆扎、坐垫、抬扛等其他用具。

（六）实验实训组织

每个测量实验实训班级应分成 6～7 个实验小组，每个测量实验小组设组长一人。实验实训小组组长负责组员具体工作的安排、测量仪器的安全操作和保管、填写仪器的借条等事项。

三、测量记录与计算规则

测量手簿是外业观测成果的记录和内业数据处理的依据。在测量手簿上记录或计算时，必须严肃认真，一丝不苟，严格遵守下列规则：

1. 在测量手簿上书写之前，应自备硬性（2H 或 3H）铅笔，熟悉表格各项内容、记录及计算方法。

2. 记录观测数据之前，应将表头的仪器型号、日期、天气、观测者和记录者姓名等无一遗漏地填写齐全。

3. 观测者读数后，记录者应随即在记录手簿上的相应栏内填写，不得另纸记录事后转抄。

4. 记录时要求字体端正清晰，数位齐全，数字齐全，字体大小一般占格宽的 1/3～1/2，字脚靠底线，零位不能省略。

5. 观测数据不得随意更改，读错、记错后必须重测重记。不得涂擦已记录的数据，应按有关修改数字的规定，在错误数字上画一斜线，再将正确数字记于右上角或另行记录，并在备注栏内说明原因。

6. 应保持记录手簿整洁，严禁乱写乱划，更不得撕毁或丢失记录手簿。

第二部分　基础测量实验指导

工程测量实验是"工程测量"课程的重要组成部分，是与课堂教学紧密配合的实践性教学环节。按土木工程类、测绘类专业"工程测量"课程教学大纲的要求，基础部分测量实验共设计了 15 个实验项目。在实验过程中要求认真细致，人人动手，对观测结果做到随测随记、及时检查，发现超限应仔细分析原因并及时纠正，按时上交实验报告。

实验一 | DS₃ 型微倾式水准仪的认识与使用

一、目的与要求

1. 了解 DS₃ 型微倾式水准仪的基本构造，了解各螺旋的名称和作用。
2. 掌握工具水准尺的正确读数方法。
3. 练习水准仪的正确安置、瞄准和读数。
4. 掌握用 DS₃ 型微倾式水准仪测定地面上两点间高差的方法。

二、实验任务

每人要熟悉仪器的基本构造，每组用变动仪器高法观测与记录两点间的高差。

三、仪器与工具

每组：DS₃ 型微倾式水准仪一套，水准尺两根，尺垫两个，铅笔（自备）。

四、操作步骤

1. 安置仪器：先将三脚架张开，使其高度适当，架头大致水平，并将架腿踩实，再开箱取出仪器，将其固定在三脚架上。
2. 认识仪器：指出仪器各部件的名称和位置，了解其作用并熟悉使用方法。
3. 掌握水准尺的读数方法（见图 2—1）。
4. DS₃ 型微倾式水准仪操作步骤如下：

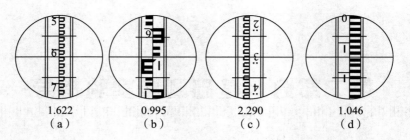

1.622	0.995	2.290	1.046
（a）	（b）	（c）	（d）

图 2—1　水准尺读数

（1）粗略整平：调节三个脚螺旋使圆水准器气泡居中。

原则：**气泡移动方向和左手拇指移动方向一致**，如图 2—2 所示。

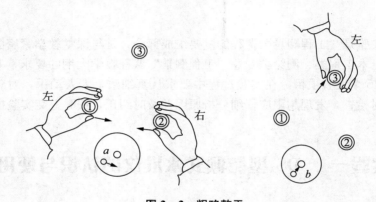

图 2—2　粗略整平

（2）目镜对光：转动目镜调焦螺旋，直到看清十字丝。

（3）粗略瞄准：在地面上选定两立尺点，用准星瞄准地面一点上的水准尺，固定制动螺旋。

（4）物镜对光：调节物镜对光螺旋，直到看清水准尺。

（5）精确瞄准：转动微动螺旋，使十字丝竖丝平分水准尺。

（6）视差消除：当眼睛在目镜端上下移动时，十字丝平面与目标平面有相对运动，这种现象叫做视差。若有视差，仔细调节物镜和目镜对光调焦螺旋，消除视差。

（7）精确整平：如图 2—3 所示，调节微倾螺旋，使水准管气泡两端的半影像吻合成抛物线，即气泡居中。精平和读数应作为一个整体，即精平后立即读数，读数后再检查符合水准器气泡是否居中。若不居中，应再次精平，重新读数。只有这样，才能保证水准测量的精度。

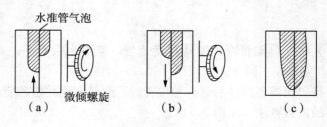

图 2—3　精确整平

（8）从望远镜中观察十字丝在水准尺上的分划位置，读取四位数，即直接读出米、分米、厘米，并估读毫米数值。

（9）重复步骤（3）～（8），读取地面上另一立尺点读数，并计算出对应高差。

（10）变动仪器高后，重新测定上述两点间高差。

五、限差要求

采用变动仪器高法测得的相同两点间的高差之差不得超过±5mm。

六、注意事项

1. 安置仪器时应将仪器中心连接螺旋拧紧，防止仪器从脚架上脱落下来。

2. 读取中丝读数前，一定要使符合水准器气泡严格居中，并消除视差。

3. 看清十字丝，不能把上、下丝看成中丝读数。

4. 水准尺必须要有人扶着，绝对不能立在墙边或靠在树上等，以防砸人或损坏水准尺。

5. 各螺旋转动时，用力应轻而均匀，不得强行转动，以防脱扣。

七、上交资料

每人上交实验报告一份。

实验一

实验报告

实验名称		成绩	
实验目的			
主要仪器与工具			

1. 填空。

　　安置仪器后，调节＿＿＿＿＿＿＿＿使圆水准管气泡居中，转动＿＿＿＿＿＿＿＿＿看清十字丝，通过＿＿＿＿＿＿＿＿粗略瞄准水准尺，调节＿＿＿＿＿＿＿消除视差，转动＿＿＿＿＿＿＿使水准管气泡居中，最后读取读数。

2. 写出下图编号对应的各部件的名称。

3. 实验总结：

实验二 | 普通水准测量

一、目的与要求

1. 熟悉 DS_3 型微倾式水准仪的构造及使用方法。
2. 掌握普通水准测量的观测、记录与计算方法。
3. 掌握水准测量中一条闭合水准路线的施测方法、校核方法和成果处理方法。

二、实验任务

在校园内指定场地选定一条闭合路线，其长度以安置 5～7 个测站为宜，采用变动仪器高法施测该闭合水准路线。

三、仪器与工具

每组：DS_3 型微倾式水准仪一套，水准尺两根，尺垫两个，2H 铅笔（自备）。记录手簿及记录夹统一发放。

四、操作步骤

1. 选定一条闭合水准路线（5～7 条边的多边形）进行施测，以求得各待定点高程。先确定起始点及水准路线的前进方向。

2. 在每一测站上，观测者首先应安置仪器、粗平（圆水准气泡居中）、瞄准后视尺、对光、调焦、消除视差、精平（水准管气泡居中）、读中丝读数，记录者将后视读数记入记录表格中。再瞄准前视尺，用同样方法读取前视读数并记入记录表格中，然后立即计算本站高差。

3. 用步骤 2 的方法依次完成闭合水准路线的水准测量。观测过程中记录者要特别地细心，当记录者听到观测者所报的读数后，应复读给观测者，正确后方可将读数记录在表格中。

4. 观测结束后，立即计算出高差闭合差 f_h，并与高差闭合差的容许值 $f_{h容}$ 进行比较，以确定该闭合水准路线观测成果是否合格。如果观测成果合格，即可计算各待定点高程；否则，要进行重测。

五、限差要求

1. 普通水准测量的精度要求：

对于平坦地区：$f_{h容} = \pm 40 \sqrt{L}\text{mm}$（式中，$L$ 为水准路线的总长，以 km 为单位）

对于山区和丘陵地区：$f_{h容} = \pm 12 \sqrt{n}\text{mm}$（式中，$n$ 为水准路线的总测站数）

2. 两次仪器高度变动范围≥$\pm 10\text{cm}$，两次高差之差≤$\pm 5\text{mm}$。

六、注意事项

1. 每次读数前，应使符合水准管气泡严格居中，并注意消除视差。
2. 水准尺不得倾斜，必须立直。
3. 做到边测、边记、边计算、边检核。

七、上交资料

每人上交水准测量记录表格、成果计算表格和实验报告各一份。

实验二

普通水准测量记录表（一）

日期： 仪器型号： 观测者：
时间： 天　气： 记录者：

测站	点号	后视读数（m）	前视读数（m）	高差（m）		平均高差（m）	备注
				+	−		
Σ							

普通水准测量成果计算表（二）

测段编号	点名	测站数（或距离）	实测高差（m）	改正数（m）	改正后高差（m）	高程（m）	备注
Σ							

实验报告

实验题目		成绩	
实验目的			
主要仪器工具			

实验场地布置草图	
实验主要步骤	
实验总结	

实验三 | DS₃型微倾式水准仪的检验与校正

一、目的与要求

1. 认识 DS₃ 型微倾式水准仪的主要轴线及它们之间所具备的几何关系。
2. 掌握 DS₃ 型微倾式水准仪检验方法。
3. 本次实验只需掌握检验方法,应了解校正方法,不需校正。

二、实验任务

在校园内选择一个场地,对微倾式 DS₃ 型水准仪进行一般性检验、圆水准器轴平行于仪器竖轴的检验校正、十字丝横丝(中丝)垂直于仪器竖轴的检验校正、水准管轴平行于视准轴的检验校正。

三、仪器与工具

每组:DS₃ 型微倾式水准仪 1 套,水准尺两根,皮尺 1 把。

四、操作步骤

1. 水准仪应满足的几何条件。
(1) 圆水准器轴 $L'L'$ 应平行于仪器的竖轴 VV。
(2) 十字丝的中丝应垂直于仪器的竖轴 VV。
(3) 水准管轴 LL 应平行于视准轴 CC。

2. 一般性检验。

安置仪器后,首先检验三脚架是否牢稳,制动螺旋、微动螺旋、微倾螺旋、脚螺旋、调焦螺旋等是否有效,望远镜成像是否清晰。

3. 轴线几何条件的检验与校正。
(1) 圆水准器轴平行于仪器竖轴的检验与校正。

检验方法: 如图 2—4 所示,旋转脚螺旋,使圆水准器气泡居中,然后使望远镜旋转 180°,若气泡仍居中,说明此条件满足。若气泡偏出分划圈,则需要校正。

校正方法: 根据检验原理可知,气泡偏移零点的长度表示了仪器旋转轴与圆水准器轴的交角的两倍。故用校正针拨动圆水准器校正螺旋,使气泡返回偏移量的一半,然后转动脚螺旋使气泡居中。反复检校,直至在任何位置时气泡都在分划圈内为止。

(2) 十字丝横丝垂直于竖轴的检验与校正。

检验方法: 如图 2—5 所示,首先用十字丝交点瞄准一细小点状目标点 P (或水准尺读数),然后旋转微动螺旋,若目标点始终在横丝上移动(或读数不变),说明此条件满足,表明 P 点移动轨迹的位置与仪器竖轴垂直。否则需校正。

校正方法: 旋下十字丝保护罩,用螺丝刀旋松十字丝环固定螺钉,转动十字丝环,至 P 点移动轨迹始终与横丝重合为止,再拧紧固定螺钉,盖好保护罩。

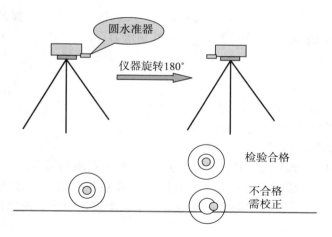

图 2—4　圆水准气泡检验

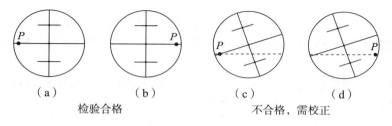

（a）　　　　　　（b）　　　　　　（c）　　　　　　（d）

检验合格　　　　　　　　不合格，需校正

图 2—5　十字丝横丝垂直于竖轴的检验

（3）视准轴平行于水准管轴的检验与校正。

检验方法：如图 2—6 所示，在相距 60～80m 的平坦地面选择 A、B 两点，打下木桩（或做标记）。安置水准仪于 A、B 两点等距离处，用变动仪器高法（或双面尺法）测定 A、B 两点高差。若两次高差较差不大于 3mm 时，取两次高差的平均值作为正确高差。由于水准仪距 A、B 两点间的距离相等，视准轴与水准管轴不平行所产生的前、后视读数误差 Δ 相等，根据 $h_{AB} = (a_1 - \Delta_1) - (b_1 - \Delta_1) = a_1 - b_1$，所以当仪器安置于 A、B 两点的中间时，测出的高差 h_{AB} 不受视准轴误差的影响。因此在测量过程中要求前、后视距相等，可以消除水准管轴不平行于视准轴时带来的误差。

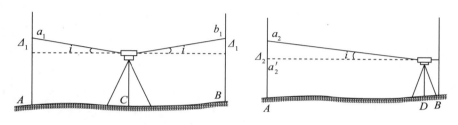

图 2—6　水准管轴平行于视准轴的检验

将仪器移至 B 点附近 2～3m 处安置，读取 B 点尺上读数（一般可紧贴尺，从物镜端看缩小的点状物指示，读出目镜中心所对尺上读数），根据 A、B 两点的正确高差计算得

A 点尺上应有的读数 a_2'，$a_2'=b_2+h_{AB}$。瞄准 A 点尺进行读数为 a_2。如果 a_2 和 a_2' 相等，则说明视准轴平行于水准管轴；否则存在 i 角，其角值为：

$$i=\frac{a_2'-a_2}{D_{AB}} \cdot \rho$$

式中：D_{AB}——A、B 两点间的水平距离（m）；

　　　　i——视准轴与水准管轴的夹角（″）；

　　　　ρ——弧度的秒值，$\rho=206265''$。

对于 DS$_3$ 型微倾式水准仪 i 角值不得大于 $20''$，如果超限则需要校正。

校正方法： 旋转微倾螺旋，使十字丝中丝对准 A 点尺上应有的读数 a_2'，此时水准管气泡产生偏移，用校正针拨动水准管一端的上、下两个校正螺旋，使气泡重新居中，然后再旋紧校正螺旋。

五、注意事项

1. 水准仪的检验与校正顺序应按上述规定进行，先后次序不能颠倒。

2. 仪器检验与校正是一项难度较大的细致工作，必须经严格检验，确认需要校正时，才能进行校正。

3. 进行水准管轴检验时，当观测学生读取靠近仪器的水准尺读数时，立尺学生要配合观测学生进行读数，以保证读数的正确性。

六、上交资料

每人上交实验报告一份。

实验三

实验报告

实验名称		成绩	
实验目的			
主要仪器与工具			

1. 圆水准器轴平行于仪器竖轴的检验

   方法：

2. 十字丝横丝垂直于仪器竖轴的检验

   方法：

3. 视准轴平行于水准管轴的检验

   方法：

仪器位置	内容				草图
	立尺点	读数（m）	高差（m）	平均高差（m）	
仪器安置在 A、B 两点中间					

仪器位置	立尺点	读数（m）		
仪器安置在 A 点附近	A		计算：	
	B		$a_2' = b_2 + h_{AB} =$	
			$\Delta_a = a_2 - a_2' =$	
			是否需要校正：	

4. 实验总结：

17

实验四 | 自动安平水准仪的认识与使用

一、目的与要求

1. 认识自动安平水准仪的构造特点及原理。
2. 掌握自动安平水准仪的使用方法。

二、实验任务

每人要熟悉自动安平水准仪的基本构造，并在学院内选择 7~8 条边闭合水准路线进行普通测量，比较与 DS₃ 型微倾式水准仪的不同。

三、仪器与工具

每组：自动安平水准仪一套，水准尺两根等。

四、操作步骤

1. 安置仪器。将自动安平水准仪安置在三脚架上，调节脚螺旋，使圆水准器气泡居中。
2. 瞄准。用望远镜的准星照准水准尺进行对光、调焦，消除视差现象。
3. 读数，记录。

五、注意事项

1. 在读数之前必须检查补偿器，查看是否处于正常的工作状态。
2. 其他的注意事项与 DS₃ 微倾式水准仪实验中的注意事项相同。

六、上交资料

每人上交普通水准测量记录表和实验报告各一份。

实验四

普通水准测量记录表

日期：　　　　　　　　仪器型号：　　　　　　　观测者：
时间：　　　　　　　　天　　气：　　　　　　　记录者：

测站	点号	后视读数 (m)	前视读数 (m)	高差（m） +	高差（m） −	平均高差 (m)	备注
Σ							

实验报告

实验题目		成绩	
实验目的			
主要仪器工具			
实验场地布置草图			
实验主要步骤			
实验总结			

实验五 | DJ₆型光学经纬仪的认识与使用

一、目的与要求

1. 了解 DJ_6 型光学经纬仪的基本构造、各部件的名称和作用。
2. 掌握 DJ_6 型光学经纬仪对中、整平、瞄准和读数的方法。

二、实验任务

每人至少安置一次 DJ_6 型光学经纬仪，用盘左、盘右分别瞄准两个目标，读取水平度盘读数。

三、仪器与工具

每组：DJ_6 型光学经纬仪一套，测钎两根，铅笔（自备）。

四、操作步骤

1. 各组在指定场地选定测站点并设置点位标记。
2. 仪器开箱后，仔细观察并记清仪器在箱中的位置，取出仪器并连接在三脚架上，旋紧中心连接螺旋，及时关好仪器箱。
3. 熟悉经纬仪各部分的名称和作用。
4. 经纬仪的对中、整平。

（1）经纬仪的对中。

①眼睛从光学对点器中看，看到地面和小圆圈。固定一条架腿，左、右两只手握另两条架腿，前后、左右移动这两条架腿，使点位落在小圆圈附近。踩紧三条架腿，并调脚螺旋，使点位完全落在圆圈中央。

②转动照准部，使水准管平行于任意两条架腿的脚尖连接方向，升降其中一条架腿，使水准管气泡大致居中，然后将照准部旋转90°，升降第三条架腿，使气泡大致居中。

③转动脚螺旋，使气泡严格居中。若对中有少许偏移，旋松中心连接螺旋，使仪器在架头上做微小平移，使点位精确落在小圆圈内，再拧紧中心连接螺旋，同时注意使气泡严格居中。

（2）经纬仪的整平。

转动照准部，使水准管平行于任意两个脚螺旋的连线方向，对向旋转这两个脚螺旋（左手大拇指旋进的方向为气泡移动的方向），使水准管气泡严格居中。再将照准部旋转90°，调节第三个脚螺旋，使气泡在此方向严格居中，如果达不到要求需重复上述步骤，如图 2—7 所示，直到照准部转到任何方向，气泡偏离都不超过一格为止。

对中、整平是互相关联的，应同时满足。否则，需重复以上操作。

5. 瞄准目标。利用望远镜的粗瞄器，使目标位于视场内，固定望远镜和照准部制动螺旋，调目镜调焦螺旋，使十字丝清晰；转动物镜调焦螺旋，使目标清晰；转动望远镜和

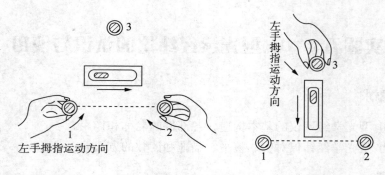

图 2—7　整平

照准部微动螺旋，精确瞄准目标，并注意消除视差。读取水平度盘读数时，使十字<u>丝竖丝</u>单丝平分目标或双丝夹准目标；读取竖盘读数时，使十字<u>丝</u>中横丝切准目标。

　　6. 读数。调节反光镜的位置，使读数窗亮度适当。调节读数窗的目镜调焦螺旋，使读数清晰，最后读数，并记入手簿。

五、限差要求

　　1. 对中误差小于 ±3mm，整平误差小于 2 格。

　　2. 用测微尺进行度盘读数时，可估读到 0.1 分（6 的倍数秒值），估读必须准确。

六、注意事项

　　1. 经纬仪从箱中取出后，应立即用中心连接螺旋连接在脚架上，并做到连接牢固。

　　2. 使用各螺旋时，用力应轻而均匀。

　　3. 各项练习均要认真仔细完成，并能熟练操作。

七、上交资料

　　每人交实验报告一份。

实验五

实验报告

实验名称		成绩	
实验目的			
主要仪器与工具			

一、完成下列填空

1. 经纬仪由_____、_____和_____三大部分组成。

2. 对中的目的是使_____和_____在同一铅垂线上。

3. 整平的目的是使_____竖直和_____处于水平。

4. 从读数窗中观察到的分微尺的最小格值为_____，可估读至_____。

5. 针对所使用的经纬仪，通过调节_____可使水平度盘的读数为0°00′00″。

二、填表

点名	盘位	读数 (°　′　″)	半测回角值 (°　′　″)	一测回角值 (°　′　″)	各测回角值 (°　′　″)	备注

注：分和秒要记足两位。

三、实验总结

实验六　测回法观测水平角

一、目的与要求

1. 掌握 DJ_6 型光学经纬仪的操作方法及水平度盘读数的配置方法。
2. 掌握测回法观测水平角的观测顺序、记录和计算方法。

二、实验任务

在指定场地内视野开阔的地方，选择四个固定点，构成一个闭合多边形，分别观测多边形各内角的大小，每个角用测回法测一个测回。

三、仪器与工具

每组：经纬仪一套，测钎两根，花杆两根，铅笔两只（自备）。

四、操作步骤

1. 选定各测站点的位置，并用木桩标定出来。
2. 在某一测站点上安置仪器，对中整平后，按下述步骤观测。
（1）盘左，瞄准左边目标，将水平度盘配置稍大于 0°，读取读数，顺时针转照准部，再瞄准右边目标，读取读数，并记入表中。
（2）盘右，先瞄准右边目标，并读取读数，逆时针转动照准部，再瞄准左边目标，读取读数，并记入表中。
（3）至此完成了一个测回的观测及计算。
3. 用同样方法测定其他测站点的水平角，并及时将观测数据记入手簿。

五、限差要求

上、下半测回角值之差 $\leqslant \pm 40''$。

六、注意事项

1. 瞄准目标时，尽可能瞄准目标底部，以减少目标倾斜引起的误差。
2. 同一测回观测时，切勿碰动度盘变换手轮，以免发生错误。
3. 观测过程中若发现气泡偏移超过两格时，应重新整平，重测该测回。
4. 观测过程中，动手要轻而稳，不能用手压扶仪器。

七、上交资料

每人交测回法测水平角记录表格和实验报告各一份。

实验六

测回法测水平角记录表

日期： 　　　　　　 仪器型号： 　　　　　　 观测者：

时间： 　　　　　　 天　　气： 　　　　　　 记录者：

测站	竖盘位置	目标	水平度盘读数 (° ′ ″)	半测回角值 (° ′ ″)	一测回角值 (° ′ ″)	各测回平均值 (° ′ ″)	备注

实验报告

实验题目		成绩	
实验目的			
主要仪器工具			
实验场地布置草图			
实验主要步骤			
实验总结			

实验七 ｜ 全圆方向观测法观测水平角与竖直角观测

一、目的与要求

1. 掌握全圆方向观测法观测水平角的观测顺序、记录和计算方法。
2. 掌握竖直角观测、记录及计算的方法。
3. 掌握竖盘指标差的计算方法。

二、实验任务

在学校内视野开阔的地方，选择四个固定点，构成一闭合多边形，分别观测多边形各内角的大小。选择 3 个以上目标，以便进行竖直角观测。

三、仪器与工具

每组：经纬仪一套，测钎四根，2H 铅笔（自备）。

四、操作步骤

1. 全圆方向观测法观测水平角（又叫方向观测法）

（1）选定四个固定点的位置，并用测钎标定出来。

（2）选定一测站点的位置，并用木桩标定出来。

（3）在某测站点上安置仪器，对中整平后，按下述步骤观测：

盘左：瞄准左边目标 A，并使水平度盘读数略大于零，读数并记录。顺时针转动照准部，依次瞄准 B、C、D、A 各目标，分别读取水平度盘读数并记录，检查归零差是否超限。

盘右：逆时针依次瞄准 A、B、C、D、A 各目标，读数并记录，检查归零差是否超限。

计算：

$$2c＝盘左读数－（盘右读数±180°）$$

$$各方向的平均读数＝[盘左读数＋（盘右读数±180°）]/2;$$

将各方向的平均读数减去起始方向的平均读数，即得各方向的归零方向值。第二测回观测时，起始方向的度盘读数安置于 90°附近，同法观测。各测回同一方向值的互差应不超过 $±24''$，取其平均值，作为该方向的结果。

2. 竖直角观测

（1）在某指定点上安置经纬仪，进行对中、整平。

（2）盘左位置照准目标，转动竖盘指标水准管微动螺旋，使竖盘指标水准管气泡居中，读取竖盘的读数 $L_{读}$，记录者将读数值 $L_{读}$ 记入竖直角测量记录表中。

（3）根据确定的竖直角计算公式，在记录表中计算出盘左时的竖直角 $\alpha_{左}$。

　　（4）再用盘右位置照准目标，转动竖盘指标水准管微动螺旋，使竖盘指标水准管气泡居中，并读取其竖直度盘的读数 $R_读$。记录者将读数值 $R_读$ 记入竖直角测量记录表中。

　　（5）根据所定竖直角计算公式，在记录表中计算出盘右时的竖直角 $\alpha_右$。

　　（6）计算一测回竖直角值和竖盘指标差。

五、限差要求

　　1. 全圆方向法限差：半测回归零差不得超过±18″，各测回方向值之差不得超过±24″。

　　2. 竖直角观测限差：同一目标各测回竖直角不超过±25″。

六、注意事项

　　1. 水平角观测瞄准目标时，尽可能瞄准其底部，以减少目标倾斜引起的误差。

　　2. 水平角观测同一测回时，切勿碰动度盘变换手轮，以免发生错误。

　　3. 水平角观测过程中若发现气泡偏移超过两格时，应重新整平，重测该测回。

　　4. 竖直角观测过程中，对同一目标应用十字丝中横丝切准同一部位。每次读数前必须使竖盘指标水准管气泡严格居中。

　　5. 计算竖直角和指标差时，应注意正、负号。

七、上交资料

　　每人上交全圆方向观测法测水平角记录表格、竖直角观测记录表格和实验报告各一份。

实验七

全圆方向观测法测水平角记录表

日期：　　　　　　　仪器型号：　　　　　　　观测者：
时间：　　　　　　　天　气：　　　　　　　记录者：

测站	测回数	目标	水平度盘读数 (° ′ ″)		2C (″)	平均读数 (° ′ ″)	归零方向值 (° ′ ″)	各测回平均归零方向值 (° ′ ″)	备注
			盘左	盘右					
0	1	A							
		B							
		C							
		D							
		A							
	2	A							
		B							
		C							
		D							
		A							

竖直角观测记录表

日期：　　　　　　　仪器型号：　　　　　　　观测者：
时间：　　　　　　　天　气：　　　　　　　记录者：

测点	目标	竖盘位置	竖盘读数 (° ′ ″)	半测回竖直角 (° ′ ″)	指标差 (″)	一测回竖直角 (° ′ ″)
		盘左				
		盘右				
		盘左				
		盘右				
		盘左				
		盘右				

实验报告

实验题目		成绩	
实验目的			
主要仪器工具			

实验场地布置草图	
实验主要步骤	
实验总结	

实验八 | DJ₆型光学经纬仪的检验与校正

一、目的与要求

1. 加深对 DJ_6 型光学经纬仪主要轴线之间应满足条件的理解。
2. 掌握 DJ_6 型光学经纬仪的室外检验与校正的方法。
3. 本次实验只需掌握检验方法，应了解校正方法，不需校正。

二、实验任务

在校园内选择一个场地，对 DJ_6 型光学经纬仪的各个轴线之间的关系进行检验。

三、仪器与工具

每组：DJ_6 型光学经纬仪一套，皮尺 1 把，铅笔（自备）。

四、操作步骤

1. 了解经纬仪主要轴线应满足的条件
(1) 照准部水准管轴垂直于竖轴：$LL \perp VV$。
(2) 十字竖丝垂直于横轴：竖丝$\perp HH$。
(3) 视准轴垂直于横轴：$CC \perp HH$。
(4) 横轴垂直于竖轴：$HH \perp VV$。
2. 照准部水准管轴垂直于竖轴的检验与校正

检验方法： 先将仪器大致整平，转动照准部使水准管与任意两个脚螺旋连线平行，转动这两个脚螺旋使水准管气泡居中，将照准部旋转 $180°$，如气泡仍居中，说明条件满足；如气泡不居中，则需进行校正。

校正方法： 转动与水准管平行的两个脚螺旋，使气泡向中心移动偏离值的一半。用校正针拨动水准管一端的上、下校正螺丝，使气泡居中。

3. 十字丝竖丝垂直于横轴的检验与校正

检验方法： 整平仪器，用十字丝竖丝照准一清晰小点，固定照准部，使望远镜上下微动，若该点始终沿竖丝移动，说明十字丝竖丝垂直于横轴。否则，条件不满足，需进行校正。

校正方法： 卸下目镜处的十字丝护盖，松开四个压环螺丝，微微转动十字丝环，直至望远镜上下微动时，该点始终在纵丝上为止。然后拧紧四个压环螺丝，装上十字丝护盖。

4. 视准轴垂直于横轴的检验与校正（盘左盘右读数法）

检验方法： 整平仪器，选择一个与仪器同高的目标点 A，用盘左、盘右观测。盘左读数为 L、盘右读数为 R，若 $R = L \pm 180°$，则视准轴垂直于横轴，否则需进行校正。

校正方法： 先计算盘右瞄准目标点 A 应有的正确读数，转动照准部微动螺旋，使水平度盘读数为 R，旋下十字丝环护罩，用校正针拨动十字丝环的左、右两个校正螺丝使一松一紧（先略放松上、下两个校正螺丝，使十字丝环能移动），移动十字丝环，使十字丝交点对准目标点 A。

检校应反复进行，直至视准轴误差 c 满足要求，即 $2c$ 应在 $\pm 60''$ 内。最后将上、下校正螺丝旋紧，旋上十字丝环护罩。

$$2c = 盘左读数 - （盘右读数 \pm 180°）$$

5. 横轴垂直于竖轴的检验

检验方法： 在离墙 $20 \sim 30m$ 处安置仪器，盘左照准墙上高处一点 M（仰角 $30°$ 左右），放平望远镜，在墙上标出十字丝交点的位置 m_1；盘右再照准 M 点，将望远镜放平，在墙上标出十字丝交点位置 m_2。如 m_1、m_2 重合，则表明条件满足；否则需校正。

校正方法： 取 m_1 和 m_2 的中点，瞄准 m 后固定照准部，转动望远镜使与 M 点同高，此时十字丝交点将偏离 M 点。抬高或降低横轴的一端，即可使十字丝的交点对准 M 点。此项校正要反复进行。

五、注意事项

1. 实验课前，各组要准备几张画有十字线的白纸，用作照准标志。

2. 要按实验步骤进行检验、校正，不能颠倒顺序。在确认检验数据无误后，才能进行校正。

3. 选择检验场地时，应顾及视准轴和横轴两项检验，既可看到远处水平目标，又能看到墙上高处目标。

4. 各项检验后应立即填写经纬仪检验与校正记录表。

六、上交资料

每人交实验报告一份。

实验八

DJ₆型光学经纬仪的检验与校正实验报告

实验名称			成绩	
实验目的				
主要仪器与工具				

1. 经纬仪的主要轴线为_____、_____、_____和_____，它们之间的主要关系：

_____

_____。

2. 照准部水准管轴垂直于竖轴的检验

照准部使水准管与任意两个脚螺旋的连线平行，气泡的位置图	照准部旋转 180°后气泡的位置图	照准部旋转 180°后气泡应有的正确位置图	是否需校正

3. 十字丝竖丝垂直于横轴的检验

检验开始时望远镜视场图	检验后的望远镜视场图	正确的望远镜视场图	是否需校正

4. 视准轴垂直于横轴的检验

仪器安置点	目标	盘位	水平度盘读数 （° ′ ″）	平均读数 （° ′ ″）
A	G	盘左		
		盘右		
检验		计算 $2c=$ 盘左读数$-$（盘右读数$\pm 180°$）		
		是否需校正		

5. 横轴垂直于竖轴的检验

仪器安置点	目标	盘位	水平目标	两点间的水平距离
A	M	盘左		
		盘右		
检验		是否需校正		

6. 实验总结

实验九 | DJ₂型光学经纬仪的认识与使用

一、目的与要求

1. 了解 DJ₂型光学经纬仪的基本构造，各部件的名称和作用。
2. 区分 DJ₆型光学经纬仪和 DJ₂型光学经纬仪的异同点。
3. 掌握 DJ₂型光学经纬仪的安置方法和读数方法。

二、实验任务

每人至少安置一次经纬仪，用盘左、盘右分别瞄准两个目标，读取水平度盘读数。

三、仪器与工具

每组：DJ₂型光学经纬仪一套，测钎两根，铅笔（自备）。

四、操作步骤

1. 各组在指定场地选定测站点并设置点位标记。
2. 仪器开箱后，仔细观察并记住仪器在箱中的位置，取出仪器并连接在三脚架上，旋紧中心连接螺旋，及时关好仪器箱。
3. 认出 DJ₂型光学经纬仪各部分的名称和作用。
4. DJ₂型光学经纬仪的对中、整平。DJ₂型光学经纬仪与 DJ₆型光学经纬仪对中、整平相同。
5. 瞄准。DJ₂型光学经纬仪与 DJ₆型光学经纬仪瞄准相同。
6. 读数练习。
（1）当读数设备是数字化读数窗时的读数方法。
①先使读数窗内的分划线上、下对齐。
②如图 2—8 所示，读取窗口最上边的度数（93°）和中部窗口注记（30′）。

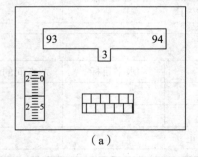 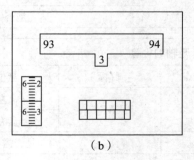

（a）　　　　　　　　　　　　　（b）

图 2—8　读数窗

③再读取测微器上下小于 10′ 的数值（6′26″）。

④将上述的度、分、秒相加，即为水平度盘的读数。

$$93°+30'+6'26''=93°36'26''$$

（2）当读数设备是对径分划读数窗时的读数方法。

①将换像手轮置于水平位置，打开反光镜，使读数窗明亮。

②转动测微轮使读数窗内的上、下分划线对齐。

③读出位于左侧或靠中的正像度刻线的度读数。

④读出与正像度刻线相差180°位于右侧或靠中的倒像度刻线之间的格数 n，即 $n×10'$ 的分读数。

⑤读出测微尺指标线截取小于 $10'$ 的分、秒读数。

⑥将上述的度、分、秒相加，即为水平度盘的读数。

7. 归零。

（1）用测微轮将小于 $10'$ 的测微器上的读数对着 $0'00''$。

（2）在对中过程中调节圆水准管气泡居中时，不能用脚螺旋进行调节，应该用脚架调节，以免破坏对中。

（3）整平仪器后，应检查对中是否偏移超限。

五、限差要求

两次读数之差≤±3″。

六、注意事项

1. 在十字丝照准目标时，水平微动螺旋的转动方向应为旋进方向。

2. 用测微轮使度盘对径分划线重合时，测微手轮的转动方向应为旋进方向。

3. 竖盘读数应在竖盘指标自动归零补偿器正常工作，且竖盘分划线稳而无摆动时进行。

七、上交资料

每人上交实验报告一份。

实验九

实验报告

实验名称		成绩	
实验目的			
主要仪器与工具			

1. 填空。

　　安置仪器后，调节 ＿＿＿＿＿＿＿ 使圆水准管气泡居中，转动 ＿＿＿＿＿＿＿ 看清十字丝，通过 ＿＿＿＿＿＿＿ 粗略瞄准水准尺，调节 ＿＿＿＿＿＿＿ 消除视差，转动 ＿＿＿＿＿＿＿ 使水准管气泡居中，最后读取读数。

2. 写出下图编号上的各部件的名称。

1. ＿＿＿＿＿＿	2. ＿＿＿＿＿＿	3. ＿＿＿＿＿＿	4. ＿＿＿＿＿＿
5. ＿＿＿＿＿＿	6. ＿＿＿＿＿＿	7. ＿＿＿＿＿＿	8. ＿＿＿＿＿＿
9. ＿＿＿＿＿＿	10. ＿＿＿＿＿＿	11. ＿＿＿＿＿＿	12. ＿＿＿＿＿＿
13. ＿＿＿＿＿＿	14. ＿＿＿＿＿＿	15. ＿＿＿＿＿＿	16. ＿＿＿＿＿＿
17. ＿＿＿＿＿＿	18. ＿＿＿＿＿＿	19. ＿＿＿＿＿＿	20. ＿＿＿＿＿＿
21. ＿＿＿＿＿＿	22. ＿＿＿＿＿＿		

3. 实验总结：

实验十 | 钢尺一般量距与直线定向

一、目的与要求

1. 掌握在地面上标定直线和用普通钢尺丈量距离的方法。
2. 学会用罗盘仪测定直线的磁方位角。

二、实验任务

每组在校园内选择比较平坦的实验场地，在相距 60～80m 距离处分别打两个木桩，为 A、B 点，并在桩上用铅笔或小钉标记点位，量取两个地面点的往返距离和磁方位角。

三、仪器与工具

钢尺，罗盘仪，花杆，测钎，木桩，2H 铅笔（自备）。

四、操作步骤

1. 在实验场地上相距 60～80m 的 A 点和 B 点各打一个木桩，作为直线端点桩，木桩上钉一个小铁钉或画十字线作为点位标志，木桩要高出地面约 2cm。

2. 直线定线（目估定线方法）。

（1）如图 2—9 所示，在地面 A 点、B 点上各立一根花杆，观测同学甲（定线人）站在 A 杆后面 1m 左右处，观测同学乙手持花杆在 AB 两点之间离 A 点略小于一个整尺段处站立，定线人用眼睛观测 A、B 杆的同一侧，根据观测指挥持杆观测同学乙左右移动，当三杆成一直线时，观测同学乙即在点位作好标志，插一个测钎，这个点就是直线 AB 上的一点。

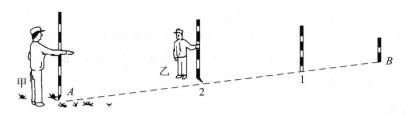

图 2—9 直线定线

（2）同法可定出直线各个点的位置。

3. 丈量距离（平量法测距）。

往测：($A→B$)

后尺手持钢尺零端，前尺手持钢尺末端，后尺手将零刻划对准 A 桩上的点位，前尺手将尺紧靠定线花杆，抬平钢尺并拉紧，后尺手发出"预备"令，当零刻划正好对准 A 桩上点位的瞬间，后尺手发出"好"，这时前尺手对准钢尺的零刻划插入一根测钎，这样就量

完了一个整尺段。

按上述方法采用目估定线和平量法测量第二整尺段、第三整尺段等，最后到 B 点不足一个整尺段的距离，称为余长（零尺段），记为 q。

$$D_{AB往} = nl + q$$

返测：（$B \rightarrow A$）

用同样上述方法进行返测，记为 $D_{AB返}$。

计算：

$$AB \text{ 距离：} D_{平均} = (D_{AB往} + D_{AB返})/2$$

$$相对误差：K = \left| D_{AB往} - D_{AB返} \right| / D_{平均} = \frac{|\Delta D|}{D_{平均}} = \frac{1}{\dfrac{D_{平均}}{|\Delta D|}}$$

4. 用罗盘仪测定直线 AB 两点的磁方位角。

（1）将罗盘仪安置在 A 点，进行整平和对中。

（2）瞄准 B 点的花杆后，放松磁针制动螺旋。

（3）待磁针静止后，读出磁针北端在刻度盘上所标的读数，即为直线 AB 的磁方位角。

（4）再将罗盘仪安置在 B 点上，用上述的同样方法测定直线的磁方位角进行校核。

五、限差要求

直线丈量相对误差要小于 1/2000。

六、注意事项

1. 钢尺量距最基本的要求：平、准、直。

2. 直线丈量每次往、返观测都必须进行直线定线。

3. 直线丈量过程中前进时，应将钢尺抬起，不可在地面上拖拉，并严禁车辗、人踏，以免损坏。钢尺易锈，用毕需擦净、涂油。

4. 用测钎标志点位，测钎要竖直插下。前、后尺所量测钎的部位应一致。

5. 读数要细心，小数要防止错把 9 读成 6，或将 21.041 读成 21.014 等。

6. 记录应清楚，记好后及时回读，相互校核。

七、上交资料

每人上交距离丈量记录表和实验报告各一份。

实验十

距离丈量记录表

日期：　　　　　　仪器型号：　　　　　　观测者：

时间：　　　　　　天　气：　　　　　　记录者：

测线	方向	整尺段 （m）	零尺段 （m）	总计 （m）	较差 ΔD （m）	精度 K	平均值 （m）	备注

实验报告

实验题目		成绩	
实验目的			
主要仪器工具			

实验场地布置草图	
实验主要步骤	
实验总结	

实验十一 | 四等水准测量

一、目的与要求

1. 进一步掌握水准议的操作使用方法，熟练水准尺读数。
2. 学会四等水准测量的实际作业过程。
3. 练习四等水准测量的记录和计算方法。

二、实验任务

每组用四等水准测量方法施测 6～7 条边的闭合水准线路，线路长度为 500m～600m，记录方式应严格按照《四等水准测量记录表》的格式和要求来完成。

三、仪器与工具

1. 每组：DS₃ 型微倾式水准仪一套，双面水准尺两根，尺垫两个。
2. 自备：铅笔，小刀，草稿纸。

四、操作步骤

1. 全组施测一条闭合水准线路。人员分工是：两人扶尺，一人观测，一人记录，施测三、四站后轮换工种。
2. 使用双面水准尺观测的程序是：
（1）后视水准尺黑面，读上、下丝读数，精平、读中丝读数；
（2）前视水准尺黑面，读上、下丝读数，精平、读中丝读数；
（3）前视水准尺红面，精平、读中丝读数；
（4）后视水准尺红面，精平、读中丝读数。
3. 记录者在《四等水准测量记录表》中按次序（1）～（8）记录各个读数。
每测站读数结束（（1）～（8）），随即进行各项计算（（9）～（18）），并按技术指标进行检验，满足限差后方能搬站。
4. 进行测站验算。

视距部分：

后视距离(9)＝100×{(1)−(2)}
前视距离(10)＝100×{(4)−(5)}
视距之差(11)＝(9)−(10)
$\sum$ 视距差(12)＝上站(12)＋本站(11)

高差部分：

红黑面差(13)＝(6)＋K−(7),(K＝4.687m 或 4.787m)
(14)＝(3)＋K−(8)

黑面高差(15)＝(3)－(6)

红面高差(16)＝(8)－(7)

高差之差(17)＝(15)－(16)＝(14)－(13)

平均高差(18)＝1/2｛(15)＋(16)｝

5. 依次用相同方法进行观测，直到线路终点，计算线路的高差闭合差。

6. 进行路线验算并计算高差闭合差。

各测站观测、验算完毕后进行路线总验算，以衡量观测精度，其验算方法如下。

当测站总数为偶数时：

$$\sum(18)=\left[\sum(15)+\sum(16)\right]/2$$

当测站总数为奇数时：

$$\sum(18)=\left[\sum(15)+\sum(16\pm0.100)\right]/2$$

末站视距累积差：

$$(12)=\sum(9)-\sum(10)$$

水准路线总距离：

$$L=\sum(9)+\sum(10)$$

高差闭合差：

$$f_h=\sum(18)$$

高差中数取至 0.1mm，高差闭合差 f_h 等于闭合水准路线的所有高差中数之和。

高差闭合差的允许值：

$$f_{h允}=\pm20\sqrt{L}$$

式中：L——水准路线长度（km）。

如果 $f_h > f_{h允}$ 应立即重测该闭合水准路线。

五、限差要求

1. 前、后视距差：±5m。

2. 前、后视距累计：±10m。

3. 红、黑面中丝读数差（黑＋K－红）：±3mm。

4. 红、黑面高差之差［黑面高差－（红面高差±0.1）］：±5mm。

5. （后视尺红、黑面中丝读数差）－（前尺红、黑面中丝读数差）＝黑面高差－（红面高差±0.1）。

六、注意事项

1. 水准尺应完全立直，最好用有圆水准器的水准尺。

2. 双面水准尺每两根为一组，其中一根尺常数 $K_1 = 4.687$m，另一根尺常数 $K_2 = 4.787$m，两尺的红面读数相差 0.100m（即 4.787 与 4.687 之差），当第一测站前尺位置决定以后，两根尺要交替前进，即后变前，前变后，不能弄乱。

3. 四等水准测量记录计算比较复杂，要多想多练，步步校核，熟中取巧。

4. 四等水准测量在一个测站的观测程序应为：后视黑面三丝读数，前视黑面三丝读数，前视红面中丝读数，后视红面中丝读数，称为"后—前—前—后"观测程序。当沿土质坚实的路线进行测量时，也可以用"后—后—前—前"的观测程序。

5. 每站观测结束，应立即进行计算和进行规定的检核，若有超限，则应重测该站。全线路观测完毕，线路高差闭合差在容许范围以内，方可收测，结束实验。

七、上交资料

每人上交四等水准测量记录表和实验报告各一份。

实验十一

<h1 style="text-align:center">四等水准测量记录表</h1>

日期：　　　　　　　　　　仪器型号：　　　　　　　　　观测者：

时间：　　　　　　　　　　天　　气：　　　　　　　　　记录者：

测站编号	点号	后尺 下丝 / 上丝 / 后视距（m） / 视距差 d（m）	前尺 下丝 / 上丝 / 前视距（m） / ∑d（m）	方向及尺号	标尺读数（m） 黑面	标尺读数（m） 红面	K+黑一红（mm）	高差中数（m）	备注
		(1)	(4)	后	(3)	(8)	(14)		
		(2)	(5)	前	(6)	(7)	(13)	(18)	
		(9)	(10)	后一前	(15)	(16)	(17)		
		(11)	(12)						
				后					
				前					
				后一前					
				后					
				前					
				后一前					
				后					
				前					
				后一前					
				后					
				前					
				后一前					
校核									

实验报告

实验题目		成绩	
实验目的			
主要仪器工具			
实验场地布置草图			
实验主要步骤			
实验总结			

实验十二 | 三角高程测量

一、目的与要求

掌握三角高程测量的方法，学会高差和水平距离的计算。

二、实验任务

在校园内选择地面两点 A、B，能够比较高低起伏状态的地方来进行观测。

三、仪器与工具

每组：经纬仪一套，钢尺一把，花杆（觇标）一个，铅笔（自备）。

四、观测步骤

1. 安置仪器：选一点为 A 点（往测又称为直觇），固定三角支架，用钢尺量取仪器高 i。

2. 立花杆：选一点为 B 点，稳定花杆（觇标），立于测点上，用钢尺量取觇标高 v，分别量取两次，精确至 1mm，取平均值。

3. 测量：整平仪器之后，测出视线到花杆（觇标）顶端的距离，盘左、盘右观测，读取竖直度盘读数 L 和 R，计算竖直角。

4. 返测（又称反觇）：将经纬仪搬至 B 点，按照往测的方式，重复以上步骤，进行返测。

五、限差要求

1. 仪器高和觇标高量取两次读数之差不大于 3mm。
2. 竖盘指标差不应超过 $\pm 25''$。

六、注意事项

当两点距离较远时，应考虑地球曲率和大气折光的影响。

七、上交资料

每人上交三角高程测量记录表和实验报告各一份。

实验十二

三角高程测量记录表

日期：　　　　　　　　　仪器型号：　　　　　　　观测者：

时间：　　　　　　　　　天　气：　　　　　　　　记录者：

测站	觇法	仪器高 i (m)	目标	目标高 v (m)	十字丝中丝读数 (m)	盘位	竖盘读数 (° ′ ″)	指标差 (° ′ ″)	半测回竖直角 (° ′ ″)	一测回竖直角 (° ′ ″)	水平距离 (m)	高差 h(m)	平均高差 (m)	备注
	直觇					盘左								
						盘右								
	反觇					盘左								
						盘右								
	直觇					盘左								
						盘右								
	反觇					盘左								
						盘右								
	直觇					盘左								
						盘右								
	反觇					盘左								
						盘右								
	直觇					盘左								
						盘右								
	反觇					盘左								
						盘右								

实验报告

实验题目		成绩	
实验目的			
主要仪器工具			
实验场地布置草图			
实验主要步骤			
实验总结			

实验十三 ｜ 经纬仪测绘法测图

一、目的与要求

1. 了解大比例尺地形图测绘的基本程序。
2. 掌握经纬仪测绘法测图的操作要领。

二、实验任务

每人测定 3 个以上地物或地貌特征点，并将地物、地貌按一定的比例尺展绘到图纸上。

三、仪器与工具

经纬仪一套，图板一块，图纸一张，标尺一根，花杆一根，皮尺一把，量角器一个，2H 或 3H 铅笔，函数型计算器，三角板，橡皮（自备）。

四、操作步骤

1. 在已绘制好坐标格网（图幅大小为 50cm×50cm）的图纸上，展绘各导线点，粘贴到图板上，按一定的比例尺，可按 1∶200 或 1∶500 比例尺测绘一定区域的地形图。
2. 在选定的导线点上安置仪器，量取仪器高 i（桩顶至仪器横轴中心的高度，取至厘米），并在经纬仪旁边安置一个图板。
3. 测定经纬仪的竖盘指标差，检查是否合格。
4. 定向：经纬仪盘左位置瞄准另一导线点，将水平度盘设置成 $0°00'00''$。
5. 用经纬仪盘左位置瞄准地物和地貌特征点上的标尺，转动望远镜微动螺旋，使上丝对准标尺上一整分米刻划线，直接读出视距 kl（也可以用皮尺进行测量）和中丝读数 v。然后读取水平盘读数 β，调节竖盘指标水准管气泡居中，读取竖盘读数 L，并可计算出竖直角 α（若为竖盘自动归零装置，打开相应旋钮即可读取竖盘读数）。
6. 根据测站点的高程计算出地形点的各个高程。
7. 根据所测得的碎部点，用量角器、一定的比例尺将碎部点展绘到图纸上。
8. 根据上述方法，测定并计算其余各碎部点，逐点展绘到图纸上，并绘出相应的地物和地貌符号。

五、注意事项

1. 标尺要立直，尤其要防止前后倾斜。
2. 起始方向选好后，经纬仪定向时一定要严格将水平度盘设置成 $0°00'00''$，观测时要经常进行检查。
3. 在读取竖盘读数前，应使竖盘指标水准管气泡居中。
4. 测图中要保持图纸干净，尽量少画没有用的直线。

5. 记录、计算要准确无误，才能保证测图质量。

六、上交资料

1. 每人上交经纬仪测绘法测图记录表和实验报告各一份。
2. 每个小组上交一定区域的地形图一张。

实验十三

经纬仪测绘法测图记录表

日期：　　　　　　　　仪器型号：　　　　　　　观测者：

时间：　　　　　　　　天　气：　　　　　　　记录者：

测站：　　　　　　　　　　　后视点：

测站高程＝　　　　　　　　　　仪器高 i＝

序号	碎部点	视距间隔（m）	中丝读数（m）	竖盘读数（° ′ ″）	竖直角（° ′ ″）	高差（m）	$i-v$（m）	水平角（° ′ ″）	水平距离（m）	高程（m）	备注

实验报告

实验题目		成绩	
实验目的			
主要仪器工具			
实验场地布置草图			
实验主要步骤			
实验总结			

实验十四 | 全站仪的基本操作与使用

一、目的与要求

1. 了解全站仪的基本构造及性能，熟悉各操作键的名称及其功能。
2. 掌握全站仪的安置方法和角度测量、距离测量的基本使用方法。

二、实验任务

实验中每个同学至少观测 2 个点，记录盘左、盘右的水平方向、天顶距和距离读数。

三、仪器与工具

每组：5″级全站仪 1 套（含脚架 1 个、棱镜杆 1 根、棱镜 1 个），记录板 1 块，铅笔（自备）。

四、操作步骤

1. 构造

（1）如图 2—10 所示，通过教师讲解和全站仪使用说明书了解全站仪的基本构造及各操作部件的名称和作用。

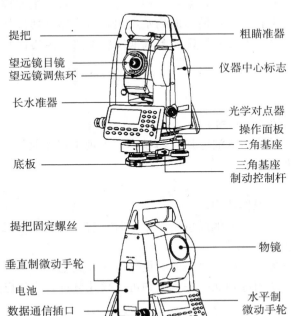

图 2—10 全站仪

（2）了解全站仪键盘上各按键的名称及其功能、显示符号的含义，并熟悉角度测量、距离测量和坐标测量模式间的切换。

2. 基本操作与使用

（1）全站仪的架设。

各小组在给定的测站点上架设仪器（从箱中取仪器时，应注意仪器的装箱位置，以便用后装箱）。在测站点上撑开脚架，高度应适中，架头应大致水平，然后把全站仪安放到脚架的架头上。安放仪器时，一手扶住仪器，一手旋转位于架头底部的连接螺旋，使连接螺旋穿入全站仪基座压板螺孔，并旋紧螺旋。

（2）对中和整平（光学对中器）。

①将仪器中心大致对准地面测站点。

②通过旋转光学对中器的目镜调焦螺旋，使分划板对中圈清晰。通过旋转光学对中器的物镜调焦螺旋，使对中圈和地面测站点标志都清晰显示。

③移动脚架，使地面测站点标志位于对中圈附近，调节脚螺旋，严格对中。

④逐一松开脚架腿制动螺旋并利用伸缩脚架腿，使圆水准器气泡居中，大致整平仪器。

⑤用脚螺旋使照准部水准管气泡居中，整平仪器。转动照准部，使水准管平行于任意一对脚螺旋，同时相对（或相反）旋转这两只脚螺旋（气泡移动的方向与左手大拇指行进方向一致），使水准管气泡居中。然后将照准部绕竖轴转动 90°，再转动第三只脚螺旋，使气泡居中。如此反复进行，直到照准部转到任何方向，气泡在水准管内的偏移都不超过刻划线的一格为止。

⑥检查对中器中地面测站点是否偏离分划板对中圈。若发生偏离，则松开底座下的连接螺旋，在架头上轻轻平移仪器，使地面测站点回到对中器分划板刻划对中圈内。

⑦检查照准部水准管气泡是否居中。若气泡发生偏离，需再次整平，即重复前面的过程，最后旋紧连接螺旋。

（3）开机。

①确认仪器已经整平。

②打开电源开关（POWER 键）。

③确认显示窗中有足够的电池电量，当显示"电池电量不足"（电池用完）时，应及时更换电池或对电池进行充电。

电池信息：

≡——电量充足，可操作使用。

＝——刚出现此信息时，电池尚可使用 1 小时左右；若不掌握已消耗的时间，则应准备好备用的电池或充电后再使用。

一——电量已经不多，尽快结束操作，更换电池并充电。

一 闪烁到消失——从闪烁到缺电关机大约可持续几分钟，电池已无电应立即更换电池并充电。

注意：每次取下电池盒时，都必须先关掉仪器电源，否则仪器易损坏。

（4）键盘。

如图 2—11 所示，通过按 F1 （↓）或 F2 （↑）键可调节对比度，为了在关机后保存设置值，可按 $\boxed{F4}$（回车）键。其他键的详细功能见表 2—1，全站仪的显示符号及对应内容见表 2—2。

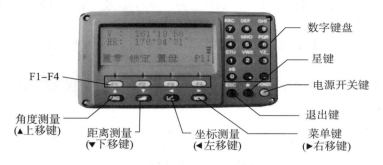

图 2—11　全站仪的键盘

表 2—1　　　　　　　　　　　　　　　　　键盘符号

按键	名称	功能
$\boxed{ANG}$	角度测量键	进入角度测量模式（▲上移键）
◢	距离测量键	进入距离测量模式（▼下移键）
◿	坐标测量键	进入坐标测量模式（◀左移键）
$\boxed{MENU}$	菜单键	进入菜单模式（▶右移键）
$\boxed{ESC}$	退出键	返回上一级状态或返回测量模式
$\boxed{POWER}$	电源开关键	电源开关
$\boxed{F1}$—$\boxed{F4}$	软键（功能键）	对应于显示的软键信息
$\boxed{0}$—$\boxed{9}$	数字键	输入数字和字母、小数点、负号
★	星键	进入星键模式

表 2—2　　　　　　　　　　　　　　　　　显示符号

序号	显示符号	内容	序号	显示符号	内容
1	V%	垂直角（坡度显示）	7	N	北向坐标
2	HR	水平角（右角）	8	E	东向坐标
3	HL	水平角（左角）	9	Z	高程
4	HD	水平距离	10	*	EDM（电子测距）正在进行
5	VD	高差	11	m	以米为单位
6	SD	倾斜	12	ft	以英尺为单位

（5）瞄准目标。

取下望远镜的镜盖，将望远镜对准天空（或远处明亮背景），转动望远镜的目镜调焦螺旋，使十字丝最清晰。然后用望远镜上的照门和准星瞄准远处一线状目标（如：远处的

避雷针、天线等），旋紧望远镜和照准部的制动螺旋，转动对光螺旋（物镜调焦螺旋），使目标影像清晰。再转动望远镜和照准部的微动螺旋，使目标（影像较大时）被十字丝的纵向单丝平分，或使目标（影像较小时）被纵向双丝夹在中央。瞄准目标前注意消除视差。

（6）读数记录。

①照准目标后，按全站仪上的观测键，会在屏幕上显示水平方向、天顶距和距离读数。

②用2H或3H铅笔将相关测量数据记录在表格中，所有读数应当场记入手簿中。

五、注意事项

1. 使用全站仪时必须严格遵守操作规程，爱护仪器。

2. 仪器对中完成后，应检查连接螺旋是否使仪器与脚架牢固连接，以防仪器摔落。

3. 在阳光下使用全站仪测量时，一定要撑伞遮掩仪器，严禁用望远镜正对阳光。

4. 当电池电量不足时，应立即结束操作，更换电池。在装卸电池时，必须先关闭电源。

5. 迁站时，即使距离很近，也必须取下全站仪装箱搬运，并注意防振。

六、限差要求

记录、计算一律取至秒。

七、上交资料

每人上交全站仪观测记录表和实验报告各一份。

实验十四

全站仪观测记录表

日期：　　　　　　　　　仪器型号：　　　　　　　　观测者：

时间：　　　　　　　　　天　　气：　　　　　　　　记录者：

测站仪器高	目标棱镜高	竖盘位置	水平角观测		竖角观测		距离测量		
			水平度盘读数	方向值	竖盘读数	竖角值	斜距	平距	垂距
			(° ′ ″)	(° ′ ″)	(° ′ ″)	(° ′ ″)	(m)	(m)	(m)
A (1.523)	B (1.532)	盘左	0 01 00	0 00 00	90 00 24	−0 00 26	23.423		
		盘右	180 01 06	0 00 00	269 59 32		23.424		
	C (1.525)	盘左	91 12 36	91 11 36	89 02 48	+0 57 08	32.125		
		盘右	271 12 48	91 11 42	270 57 04		32.127		

实验报告

实验题目		成绩	
实验目的			
主要仪器工具			
实验场地布置草图			
实验主要步骤			
实验总结			

58

实验十五 数字成图软件技术

一、目的与要求

1. 掌握 CASS7.0 数字成图软件的安装方法。
2. 了解 CASS7.0 数字成图软件的界面、功能特色。

二、实验任务

CASS 系列软件是工程测量、数字化地形图地籍图制作、GIS 数据入库方面应用广泛，市场占有率非常高的软件，在数字测图的课程中学习该软件非常有必要。CASS 是基于 AutoCAD 的二次开发产品，本次实习上机所用的 CASS7.0 软件所对应的 AutoCAD 版本是 2004 版或 2006 版。

掌握数字测图内业数据处理和图形编辑的作业方法，学会使用数字测图系列软件 CASS 进行内业处理。

三、仪器与工具

PC 电脑 1 台，CASS 测图软件及使用说明书 1 份。

四、操作步骤

1. 要点：CASS 系列软件的正确安装。
（1）在计算机上安装好 AutoCAD2006。
（2）安装 "CASS7.0 for CAD2006"。
（3）安装其他部件。
（4）检查是否安装成功：运行 CASS7.0 应用程序，执行 CASS 的常用功能，如 "查询两点距离及方位"、"坐标坪高"、"绘制地物" 等，若命令行提示 "未知命令"，则表明 CASS 安装失败。

2. 根据所发 CASS 教程资料，了解熟悉软件。

每个小组对所采集的外业数据，进行图形编辑、注记、整饰、检查，最后成图。主要学习 CASS5.1 教程中野外测量的成图部分内容。

（1）学习 CASS5.1 教程第 2 章，要求掌握在 CASS5.1 中绘出一张地图的基本过程。
（2）学习 CASS5.1 教程第 3 章，要求掌握 CASS5.1 测制地形图的基本方法。重点掌握 "草图法" 工作方式中的 "点号定位"、"坐标定位"、"编码引导" 几种方法。
（3）最后，采用 "点号定位" 的方法，根据野外测量点来绘图。

五、注意事项

1. 每位同学都应遵守机房管理规定，不准上机玩游戏。
2. 小组应安排好每人的上机时间，使每人都能上机练习。

3. 经处理后的文件要及时存盘，并作备份。

六、上交资料

实验结束后将实习总结以小组为单位上交，内容包括介绍软件的基本情况、软件界面、菜单项组成、与 CAD 的区别以及其他使用体会。

第三部分 专业测量实验指导

| 1 | 2 | 3 | 4 | 5 | 6 | 7 | 8 | 9 | 10 | 11 | 12 | 13 | 14 |

实验一 | 点的平面位置测设和高程测设

一、目的与要求

1. 练习用一般方法测设水平角、水平距离和高程，以确定点的平面和高程位置。

3. 实验课时 2 学时，实验小组由 4～5 人组成。

二、实验任务

在校园内布置场地。每组选择间距为 30m 的 A、B 两点，在点位上打木桩，桩上钉小钉，以 A、B 两点的连线为测设角度的已知方向线，在其附近再布置一个临时水准点，作为测设高程的已知数据。

三、仪器与工具

每组：DJ₆型光学经纬仪或 DJ₂型光学经纬仪 1 套，DS₃型微倾式水准仪 1 套，钢卷尺 1 把，水准尺 1 把，记录板 1 块，斧头 1 把，木桩两个，小钉和测钎数个。

四、操作步骤

1. 确定点的平面位置（极坐标法），测设已知的水平角和水平距离。

设欲测设的水平角为 β，水平距离为 D。在 A 点安置经纬仪，盘左照准 B 点置水平度盘为 $0°00'00''$，然后转动照准部，使度盘读数为 β 值；在此视线方向上，以 A 点为起点用钢卷尺量取预定的水平距离 D（在一个尺段以内），定出一点为 P_1。盘右，同样测设水平角 β 和水平距离，再定一点为 P_2；若 P_1、P_2 不重合，取其中点 P，并在点位上打木桩、钉小钉标出其位置，即为按规定角度和距离测设的点位。最后以点位 P 为准，检核所测角度和距离，若与规定的 β 和 D 之差在限差内，则符合要求。

测设数据：假设控制边 AB 起点 A 的坐标为 $X_A = 56.56$m，$Y_A = 70.65$m，控制边方

位角 $\alpha_{AB}=90°$，已知建筑物轴线上点 P_1、P_2 的设计坐标为：$X_1=71.56$m，$Y_1=70.65$m；$X_2=71.56$m，$Y_2=85.65$m。

2. 测设高程。

设上述 P 点的设计高程 $H_i=H_水+a$，同时计算 P 点的尺上读数 $b=H_i-H_p$，即可在 P 点木桩上立尺进行前视读数。在 P 点上立尺时标尺要紧贴木桩侧面，水准仪瞄准标尺时要使其贴着木桩上下移动，当尺上读数正好等于 b 时，则沿尺底在木桩上画横线，即为设计高程的位置。在设计高程位置和水准点上立尺，再对前后视观测，以作检核。

测设数据：假设点 1 和点 2 的设计高程为 $H_1=50.000$m，$H_2=50.100$m。

五、限差要求

水平角不大于 $40''$，水平距离的相对误差不大于 1/5000，高程不大于 10mm。

六、注意事项

1. 测设完毕要进行检测，测设误差超限时应重测，并做好记录。
2. 实验结束后，每人上交"点的平面位置测设"、"高程的测设"记录表各一份。

七、上交资料

每人上交实验报告一份。

实验一

实验报告

实验名称		成绩	
实验目的			
主要仪器与工具			

1. 极坐标法测设数据计算

$$\text{tg}\alpha_{A1} = \qquad\qquad \alpha_{A1} =$$

$$\text{tg}\alpha_{A2} = \qquad\qquad \alpha_{A2} =$$

$$D_{A1} = \qquad\qquad D_{A2} =$$

$$\beta_1 = \alpha_{AB} - \alpha_{A1} = \qquad\qquad \beta_2 = \alpha_{AB} - \alpha_{A2} =$$

测设后经检查，点 1 与点 2 的距离：

$$D_{12} =$$

与已知值 15.000m 相差：

$$\Delta D =$$

2. 高程放样数据计算

控制点 A 的高程 H_A，可结合放样场地情况，自己假设 $H_A =$ _____。

计算前视尺读数：

$$b_1 = H_A + a_1 - H_1 =$$

$$b_2 = H_A + a_2 - H_2 =$$

测设后经检查，1 点和 2 点高差：

$$h_{12} =$$

3. 实验总结

实验二 | 中平测量

一、目的与要求

1. 熟悉中平测量的方法。
2. 用附合水准路线测量方法测出中桩高程。

二、实验任务

中平测量是根据基本测量建立的水准点高程，分别在相邻的两个水准点长约 500m 左右的起伏路段进行测量，测定各里程桩的地面高程。中平测量是根据基本测量提供的水准点高程，按附合水准路线测定各中桩的地面高程。

三、仪器与工具

水准仪、水准尺、木桩、计算器、记录板、斧头、测钎、钢尺等。

四、操作步骤

1. 中平测量通常采用普通水准测量的方法施测，以相邻两基平水准点为一测段，从一个水准点出发，逐个测量测段范围内所有路线中桩的地面高程，最后附合到下一个水准点上，如图 3—1 所示。

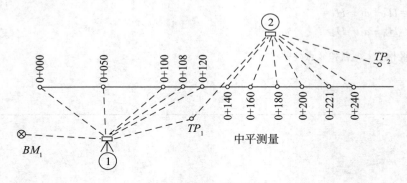

图 3—1 中桩中平测量

2. 中平测量时，每一测段除观测中桩外，还须设置传递高程的转点，转点位置应选择在稳固的桩顶或坚石上，视距限制在 150m 以内，相邻转点间的中桩称为中间点，为提高传递高程的精度，每一测站应先观测前后转点，转点读数至毫米，然后观测中间点，中间点读数至厘米，立尺应紧靠桩边的地面上。

3. 中间点的地面高程以及前视点高程，一律按所属测站的视线高程进行计算。每一测站的计算公式如下：

视线高程＝后视点高程＋后视读数

中桩高程＝视线高程－中视读数

转点高程＝视线高程－前视读数

五、限差要求

一般取测段高差 $\Delta H_{中}$ 与两端基平水准点高差 $\Delta H_{基}$ 之差的限差为±50mm，在容许范围内，即可进行中桩地面高程的计算。中桩地面高程复核之差不得超过±10cm。布设附合水准路线，高差闭合差≤±40$\sqrt{L}$mm（L 为附合路线长度，单位 km）。

六、注意事项

1. 在各中桩处立水准尺时，不能放在桩顶上，必须紧靠木桩放在地面上。

2. 前后转点读数至毫米，中间点读数至厘米。

3. 转点应选在坚实、凸起的地方或稳固的桩顶，当选择在地面上时应安置尺垫。

七、上交资料

每人上交中平测量记录表及实训总结一份。

实验二

中平测量记录表（一）

日期：　　　　　　　　仪器型号：　　　　　　　　观测者：
时间：　　　　　　　　天　　气：　　　　　　　　记录者：

序号	桩号	高程	桩号	高程	桩号	高程

中平测量记录表（二）

日期：　　　　　　　　仪器型号：　　　　　　　观测者：
时间：　　　　　　　　天　　气：　　　　　　　记录者：

测站	水准尺读数（m）			视线高（m）	中桩高程（m）	备注
	后视 a	中视 k	前视 b			
校核	$h_中 = \sum a - \sum b$ $h_基 = H_{BM2} - H_{BM1}$ $f_{h容} = \pm 40\sqrt{L}\,\text{mm}$					

实验报告

实验题目		成绩	
实验目的			
主要仪器工具			
实验场地布置草图			
实验主要步骤			
实验总结			

实验三 | 圆曲线测设

一、目的与要求

掌握偏角法测设圆曲线的方法。

二、实验任务

1. 在学院场地现场选定两条相交直线并将经纬仪安置在交点上，测定其转折角 α，先假定外矢距 E，然后根据公式计算出圆曲线的半径 R，此时计算出的圆曲线的半径 R 不是整米数，为计算方便，可将圆曲线的半径 R 凑成整数，再计算外矢距 E，此时还需假定交点的桩号。

2. 圆曲线三主点的数据计算和测设。

3. 圆曲线细部点的数据计算和测设。

三、仪器与工具

每组：DJ$_6$（DJ$_2$）型光学经纬仪，花杆，测钎，钢尺，木桩，计算器（自备），记录板，测伞。

四、操作步骤

这里只叙述圆曲线细部点的测设步骤。

1. 每 5m 弧长测设一个细部点。

2. 当从 ZY 及 YZ 向曲线中点 QZ 测设曲线时，因测设误差的影响，半条曲线的最后一点不会正好落在控制桩 QZ 上。假设落在 QZ' 上，则 $QZ-QZ'$ 之距离称为闭合差 f。

3. 闭合差的允许值分为纵向闭合差 f_x 与横向闭合差 f_y。

五、限差要求

若纵向（沿线路方向）闭合差 f_x 小于 1/2000、横向（沿曲线半径方向）闭合差 f_y 小于 10cm 时，可根据曲线上各点到 ZY（或 YZ）的距离，按长度比例进行分配。

六、注意事项

1. 计算时要两人独立计算，加强校核，以免弄错。

2. 小组同学要密切配合，保证实训顺利完成。

七、上交资料

1. 圆曲线的测设记录表。

2. 偏角法计算圆曲线细部点偏角计算表。

3. 实训总结。

实验三

圆曲线测设记录表

日期：　　　　　　　　　仪器型号：　　　　　　　观测者：
时间：　　　　　　　　　天　气：　　　　　　　　记录者：

实训内容		成绩	
实训目的			

1. 画出实训场地上测设圆曲线的草图

2. 测 设 数 据 的 计 算	（1）计算圆曲线元素		
	交点桩号 JD=	转折角 $\alpha=$	圆曲线半径 R=
	切线长 $T=R \cdot \tan \dfrac{\alpha}{2}=$		
	曲线长 $L=\dfrac{\pi}{180} \cdot \alpha \cdot R=$		
	外矢距 $E=R \cdot \left(\sec \dfrac{\alpha}{2}-1\right)$		
	切线差 $q=2T-L=$		
	（2）计算主点里程桩号并校核		
	曲线起点桩号 ZY=		
	曲线终点桩号 YZ=		
	校核曲线终点桩号 YZ=		

3. 用偏角法计算圆曲线的细部点（见用偏角法计算圆曲线细部点偏角计算表）

4. 实训总结

偏角法计算圆曲线细部点偏角计算表

日期：　　　　　　　　仪器型号：　　　　　　　　观测者：
时间：　　　　　　　　天气：　　　　　　　　　　记录者：

点名	里程	曲线点间距	偏角	备注

测设检查：

从曲线起点开始测设细部点，检查曲线终点拟合误差

角度误差＝

距离误差＝

实验四 | 标杆钢尺法道路横断面测量

一、目的与要求

1. 熟悉相应规范对道路横断面测量的技术要求。
2. 掌握用标杆钢尺法完成道路横断面测量。

二、实验任务

垂直于指定道路中线方向，每 50m 测绘一道路横断面，断面宽度为中线两侧 20m。如 50m 间隔内横断面有变化，加测变化断面。

三、仪器与工具

每组：标杆两个，50m 钢尺一把，计算器，记录板，铅笔（自备）。

四、操作步骤

1. 在断面方向上各边坡点立标杆，用钢尺从中桩地面量取至边坡的水平距离，根据钢尺截于标杆的红白格数（每格 20cm）得到两点间高差。
2. 将观测高差和水平距离按照格式填入表格相应栏中，根据测量数据绘出断面图。

五、上交资料

每人上交标杆钢尺法道路横断面测量记录表和实训总结各一份。

实验四

标杆钢尺法道路横断面测量记录表

日期：　　　　　　　仪器型号：　　　　　　　观测者：
时间：　　　　　　　天　　气：　　　　　　　记录者：

左侧	里程桩号	右侧

第四部分 工程测量综合实训指导

工程测量综合实训按实训专业的不同分为五种实训方案，各大院校可以根据本院校学生实际情况选用其中一种方案进行综合实训的测量。

实训一 普通测量实训指导（二周）

一、实训目的

普通测量实训是以控制测量、碎步测量以及视距测量为主，绘制大比例尺地形图的综合性教学实训，是依据工程测量技术专业培养目标和课程标准制定的，符合社会对人才、能力、素质需求及地区经济需要。重点培养学生的实际动手操作能力，结合所学知识解决实际工程问题的能力，通过加强对工程测量技术实践应用的探讨，促进学生处理实际工程施工测量问题能力的提高。

二、实训任务

1. 通过本实训使学生掌握测量基本仪器的实际操作方法，实训项目内容及要求见表 4—1。

表 4—1 实训项目内容及要求

序号	实训项目名称	实训要求	实训内容简介	应达到的基本要求	学时分配	主要仪器设备
1	准备工作	必做	实训动员、仪器工具的借用、熟悉仪器、仪器的基本检查	按规范要求进行仪器检验与校正	0.5 天	DS_3 水准仪、DJ_6（或 DJ_2）型经纬仪
2	小区域控制测量	必做	包括选点、等外水准测量、水平角测量、边长丈量等	独立进行水平角、水准测量、钢尺量距的观测	4 天	DS_3 水准仪、DJ_6（或 DJ_2）型经纬仪、钢尺

续前表

序号	实训项目名称	实训要求	实训内容简介	应达到的基本要求	学时分配	主要仪器设备
3	地形图测绘	必做	经纬仪法测绘地形图	独立进行外业观测及内业展绘	2 天	DJ$_6$型经纬仪、标尺（地形尺）、图板
4	四等水准测量	必做	施测闭合水准路线	独立进行四等水准测量的观测及记录	2 天	DS$_3$水准仪、水准尺和尺垫
5	点的平面位置测设	选做	测设矩形建筑物的四个角点	进行测设数据的计算		DJ$_6$型经纬仪、钢尺
6	成果整理、实训报告	必做	整理外业观测数据资料，控制网的平差计算。整理上交实训报告	成果完整，实训报告内容齐全，书写认真	0.5	

2. 掌握 5～7 边形的闭合导线的小区域控制测量的外业观测方法和内业计算过程。

3. 了解大比例尺地形图 1：500 的测绘过程。

4. 熟练掌握四等水准测量和点的平面位置测设（选做）。

三、实训指导

小区域控制测量、测绘大比例尺地形图，首先应建立测图控制网作为测图的依据。在学院选择一条 5～7 边形的闭合导线，建立一个控制网，便于观测和测图，观测步骤如下：

1. 踏勘、选点、造标、埋石

（1）以班为单位由指导教师带领踏勘测区，了解学院测区情况及任务，领会建网的目的和意义。

（2）在教师指导下进行实地选点并建立标志，每组做一个点的点之记。

2. 导线边长丈量

（1）采用钢尺丈量，每边往返丈量的误差要按小于 1/2000 的要求进行，精度合格后取往返丈量的平均值作为该段的边长。

（2）边长的丈量方法参照本书第二部分实验十（钢尺一般量距与直线定向）。

3. 观测水平角

（1）用经纬仪按一测回进行水平角的观测，上、下半测回较差应小于 $40''$，取平均值作为该水平角角值。

（2）要尽量照准工具花杆（或测钎）底部。

4. 导线测量精度的要求

距离丈量：1/2000

角度闭合差：$\pm 40\sqrt{n}''$（其中 n 为测站数）

导线全长相对闭合差：1/2000

5. 导线的水准测量

（1）各边采用变动仪器高法进行水准测量。

（2）精度要求：

$$f_{h容} = \pm 40\sqrt{n}\text{mm}$$

$$f_{h容} = \pm 12\sqrt{L}\text{mm}$$

式中：$f_{h容}$——闭合差容许值（mm）；

        L——水准路线长度（km）；

        n——水准路线的测站数。

6. 地形图的测绘

参照本书第二部分实验十三（经纬仪测绘法测图）。

7. 四等水准测量

参照本书第二部分实验十一（四等水准测量）。

8. 点的平面位置测设

参照本书第三部分实验一（点的平面位置测设和高程测设）。

四、注意事项

1. 选点时在地面上做出标记，并注以编号，以防弄错。

2. 钢尺切勿扭折或在地上拖拉，用后要用油布擦净，然后卷入盒中。

3. 在照准目标时，要用十字丝竖丝卡目标明显的地方，最好卡目标下部，上半测回卡什么部位，下半测回仍卡这个部位。

4. 水准测量记录要特别细心，当记录者听到观测者所报读数后，要回报观测者，经默许后方可记入记录表中。观测者应注意复核记录者的复诵数字。

5. 测图中要保持图纸清洁，尽量少画无用线条，在读竖盘读数时，要使竖盘指标水准管气泡居中，并应注意修正因竖盘指标差对垂直角的影响。

五、上交资料

每人上交资料：

1. 钢尺丈量表格一份。

2. 测回法观测水平角表格一份。

3. 水准测量观测数据记录表格和计算表格各一份。

4. 四等水准测量一份。

5. 实训报告一份。

每组上交资料：

1. 控制导线测量内业计算表格一份。

2. 2～4个小方格地形图 1：500 的学院测绘图一份。

3. 点的平面位置的测设数据一份。

距离丈量记录表

日期：　　　　　　　　仪器型号：　　　　　　　　观测者：

时间：　　　　　　　　天　　气：　　　　　　　　记录者：

测线	方向	整尺段（m）	零尺段（m）	总计（m）	较差（m）	精度	平均值（m）	备注

水准测量观测数据记录表一

日期：　　　　　　　　　仪器型号：　　　　　　　　　观测者：

时间：　　　　　　　　　天　气：　　　　　　　　　记录者：

测站	点号	后视读数（m）	前视读数（m）	高差（m）		平均高差（m）	备注
				+	−		
Σ							

水准测量成果计算表二

测段编号	点名	测站数（或距离）	实测高差（m）	改正数（m）	改正后高差（m）	高程（m）	备注
Σ							

测回法观测水平角记录表

日期： 仪器型号： 观测者：
时间： 天　气： 记录者：

测站	竖盘位置	目标	水平度盘读数 (° ′ ″)	半测回角值 (° ′ ″)	一测回角值 (° ′ ″)	各测回平均值 (° ′ ″)	备注

四等水准测量记录表

日期：　　　　　　　　　　仪器型号：　　　　　　　　　　观测者：
时间：　　　　　　　　　　天　气：　　　　　　　　　　记录者：

测站编号	点号	后尺 下丝 / 上丝 后视距（m） 视距差 d（m）	前尺 下丝 / 上丝 前视距（m） $\sum d$（m）	方向及尺号	标尺读数（m） 黑面	标尺读数（m） 红面	K+黑一红（mm）	高差中数（m）	备注
		（1）	（4）	后	（3）	（8）	（14）	（18）	
		（2）	（5）	前	（6）	（7）	（13）		
		（9）	（10）	后一前	（15）	（16）	（17）		
		（11）	（12）						
				后					
				前					
				后一前					
				后					
				前					
				后一前					
				后					
				前					
				后一前					
				后					
				前					
				后一前					
				后					
				前					
				后一前					
校核									

导线测量计算表

点号	观测角 (左/右) (° ′ ″)	改正数 (″)	改正角 (° ′ ″)	坐标方位角 (° ′ ″)	距离 (m)	增量计算值(m)		改正后增量(m)		坐标值(m)		点号
						Δx	Δy	Δx	Δy	x	y	
$\sum$												

个人实训总结	成绩	

实训二 | 建筑施工测量实训指导（二周）

一、实训目的

实训是"建筑施工测量"教学中一项重要的实践教学环节，用于培养学生综合运用所学知识，独立思考问题、解决问题的能力，并掌握点的平面位置的放样方法，利用水准仪来测设点的高程，利用水准仪进行坡度线测设，利用经纬仪和激光垂准仪进行轴线投测，进而为今后的工作打下良好的基础。

二、实训任务

1. 每人测设 2 个以上地物点的高程位置。
2. 掌握用经纬仪进行建筑物楼层轴线投测的方法，了解吊锤线法。
3. 掌握用激光垂准仪进行建筑物楼层轴线投测的方法，了解激光经纬仪法。

三、实训内容与时间安排

建筑施工测量实训内容与时间安排见表 4—2。

表 4—2 实训内容与时间安排

序号	实训项目名称	实训要求	实训内容简介	应达到的基本要求	学时分配	主要仪器设备
1	准备工作	必做	实训动员、仪器工具的借用、熟悉仪器、仪器的基本检查	按规范要求进行仪器检验与校正	0.5 天	DS_3 型微倾式水准仪、DJ_6（或 DJ_2）型光学经纬仪
2	熟悉图纸、现场踏勘、确定各种测设方案	必做	会看图纸，准备测设数据	根据图纸结合现场，对数据进行检核	0.5 天	图纸
3	建筑物的定位	必做	图纸上设计的建筑物测设到实地上	独立完成点的平面位置放样	2 天	DJ_6（或 DJ_2）型光学经纬仪、钢尺、测钎、木桩等
4	测设点的高程（室内地坪标高的测设：高程正负零）	必做	地物点的高程位置	独立完成点的高程位置放样	2 天	水准仪、水准尺和尺垫

续前表

序号	实训项目名称	实训要求	实训内容简介	应达到的基本要求	学时分配	主要仪器设备
5	坡度线测设	必做	水准仪进行坡度线的放样	独立完成坡度的放样	2 天	DS$_3$型微倾式水准仪、水准尺和尺垫
	轴线投测	必做	经纬仪和激光垂准仪轴线投测	完成轴线投测的方法	1.5	经纬仪、激光垂准仪
6	成果整理、实训报告	必做	整理外业观测数据资料,控制网的平差计算。整理上交实训报告	成果完整,实训报告内容齐全,书写认真	0.5	

四、仪器与工具

每组:水准仪 1 套,水准尺 1 对,DJ$_6$型光学经纬仪 1 套,激光垂准仪 1 套,激光经纬仪 1 套,吊锤 1 个,木桩若干个,铁锤 1 个,油漆,计算器,铅笔(自备)。

五、操作步骤

1. 建筑物的定位

(1)由实训指导教师提供建筑物平面设计图纸,由学生自己依据图纸上的有关数据,把图纸上设计的建筑物测设到实地上。

(2)实训方法由学生自己依据实际情况来设计,也可参考直角坐标法、极坐标法、角度交会法和距离交会法。

2. 用水准仪进行点的高程测设

(1)在离给定的已知高程点 R 与待测点 A(在给定位置钉木桩)距离适中的位置安置水准仪,在 R 点上立水准尺,如图 4—1 所示。

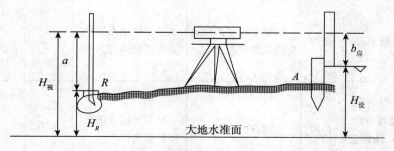

图 4—1 测设已知的高程

（2）仪器整平后，瞄准 R 点尺读取后视读数 a，根据 R 点高程 H_R 和视线高程 $H_{视}$，计算所测设 A 点木桩上的水准尺上的前视应读数 $b_{应}$ 的数据。

$$H_{视}=H_R+a$$
$$b_{应}=H_{视}-H_A$$

（3）在 A 点木桩侧面，上下移动水准尺，直至水准仪在尺上截取的读数恰好等于 $b_{应}$ 时，紧靠尺底在木桩侧面画一横线，**此横线即为设计高程位置。**

若 A 点为室内地坪，则在横线上注明"±0.000"。

（4）检核：将水准尺底面置于设计高程位置，观测前后视，进行读数。

3. 用水准仪进行坡度线的放样

（1）给定已知点高程、设计坡度 i。

（2）在地面上选择高差相差较大的两点 A、B（A 为给定高程 H_A）。

（3）从 A 点起沿 AB 方向线上按距离 d 打木桩，直到 B 点。根据已知点高程 H_A，设计坡度 i 及距离 d，推算各桩的设计高程：

$$H_i=H_A+i \cdot d \cdot n(n 为桩号)$$

（4）在适当的位置安置水准仪，瞄准 A 点上水准尺，读取后视读数 a，求得视线高：

$$H=H_A+a$$

（5）根据各点的设计高程 H_i，计算各桩应有的前视读数：

$$b_{应}=H-H_i$$

（6）水准尺分别立于各桩顶，读取各点的前视读数，对比应有读数，计算各桩顶的数据，并注记在木桩侧面上。

4. 经纬仪轴线投测

在校园内选择一幢楼，在墙脚的侧面上定一点作为轴线点，拟将其投测到楼顶或楼层上。

（1）吊锤线法。

将垂球悬挂在楼面的边缘，慢慢移动，使垂球尖对准地面上的轴线标志，或者使吊锤线下部沿垂直墙面方向与底层墙面上的轴线标志对齐，吊锤线上部在楼面边缘的位置就是墙体轴线位置，在此画一短线作为标志，便在楼面上得到轴线的一个端点。

（2）经纬仪法。

在过上述轴线点，且与墙面垂直的直线上假定一点作为轴线的延长线桩点，安置经纬仪盘左照准建筑物底部的轴线标志，往上转动望远镜，用其竖丝指挥在施工层楼面边缘上画一点；然后盘右再次照准建筑物底部的轴线标志，同法在该处楼面边缘上画出另一点，取两点的中间点作为轴线的端点。

（3）比较吊锤线法与经纬仪法所投轴线点的偏差，并记录下来。

5. 激光垂准仪轴线投测（两种方法任选其一）

激光垂准仪法：

（1）对中整平，在目标处放置网格激光靶。

（2）照准，打开垂准激光开关，调节物镜螺旋，使靶上的光斑成像清晰。

（3）定点，转动照准部180°再次定点，取两点的中点作为最后投点。

激光经纬仪法：

（1）对中整平，在目标处放置网格激光靶。

（2）接上读数窗的弯管目镜。

（3）调节竖直度盘指标水准管居中，转动望远镜使竖直度盘读数为0°（盘左）。

（4）照准，打开激光开关，调节物镜螺旋，使靶上的光斑成像清晰。

（5）定点，转动照准部180°再次定点，取两点的中点作为最后投点。

六、注意事项

1. 读取中丝读数前，一定要使水准管气泡居中，并消除视差。

2. 不能把上、下丝看成中丝读数。

3. 各螺旋转动时，用力应轻而均匀，不得强行转动，以免损坏。

七、限差要求

测设建筑物的边长与转角，测设边长相对误差不低于 1/5000，各内角与90°差值≤±1′。

八、上交资料

每人上交点的平面位置测设记录表和实训报告各一份。

建筑物的定位（点的平面位置测设）记录表

日期：　　　　　　　　仪器型号：　　　　　　　　观测者：

时间：　　　　　　　　天气：　　　　　　　　　　记录者：

点名	坐标值（m）		坐标差（m）		坐标方位角（° ′ ″）	线名	应测设的水平角（° ′ ″）	应测设的水平距离（m）	备注
	x	y	x	y					

测设点的高程记录表

日期：　　　　　　　　　仪器型号：　　　　　　　观测者：

时间：　　　　　　　　　天　　气：　　　　　　　记录者：

测站	已知水准点		后视读数	视线高程	待测设点		前视尺应有读数	检核		备注
	点号	高程			点号	设计高程		实际读数	误差	

注：以米为单位。

个 人 实 训 总 结	成 绩	

实训三 │ 控制测量实训指导（二周）

一、实训目的

1. 巩固课堂教学知识，加深对控制测量学基本理论的理解，能够用有关理论指导作业实践，做到理论与实践相统一，提高学生分析问题、解决问题的能力，通过对控制测量学的基本内容进行一次实际的应用，使所学知识进一步巩固、深化。

2. 进行控制测量野外作业的基本技能训练，提高动手能力和独立工作能力。通过实训，熟悉并掌握三、四等控制测量的作业程序及施测方法。

3. 掌握野外观测成果的整理、检查和计算。掌握用测量平差理论处理控制测量成果的基本技能。

4. 通过完成控制测量实际任务的锻炼，提高学生独立从事测绘工作的计划、组织与管理能力，培养学生良好的专业品质和职业道德，达到综合素质培养的教学目的。

二、实训任务

1. 编写控制点的点之记。
2. 水平角和水平距离的观测、记录和验算。
3. 二等精密水准测量，并进行外业观测成果的验算，取得合格的外业成果。
4. 控制网的概算和平差计算。
5. 实训报告的编写。

三、实训内容与时间安排

控制测量实训内容与时间安排见表4—3。

表 4—3 控制测量实训内容与时间安排

序号	实训项目名称	实训要求	实训内容简介	应达到的基本要求	时间分配
1	准备工作	必做	实训动员、仪器工具的借用、熟悉仪器、仪器的基本检查	按规范要求进行仪器检校	0.5天
2	控制网的布设	必做	在教师指导下，选择合理的控制网方案，分组完成实地踏勘、选点与埋石，做点之记	每个学生参加，并作好点位略图	0.5天
3	水平角外业观测	必做	严格按规范要求进行外业观测，保证每站工作检核无误后方可离开，若发现数据有问题应立即重测	取得合格的观测成果，完成测站平差	3天

续前表

序号	实训项目名称	实训要求	实训内容简介	应达到的基本要求	时间分配
4	水平角观测成果的检查与概算	必做	依照几何条件进行导线网全部外业观测成果的检查与验算	观测成果的检查；对超限观测值重测；计算各点的三角高程	1 天
5	精密水准测量	必做	每个学生进行不少于 4 个测站的单程二等水准测量的观测和记录	取得合格的观测成果	3 天
		必做	水准路线外业观测成果的验算和成果表的编算	计算各点水准高程并与三角高程相比较	1 天
6	成果整理	必做	整理外业观测数据资料，准备控制网的平差计算	成果完整	0.5 天
7	实训报告	必做	书写实训报告，整理上交	内容齐全、书写认真	0.5 天

注：规定时间仅供实训时参考，各组可根据实际情况在保证完成实训任务和仪器等条件允许的情况下灵活掌握。

四、仪器与工具

每组借用全站仪（包括脚架）一台，棱镜（包括脚架和基座）两个，DSZ₂ 型精密水准仪（带脚架）一台，精密水准尺一幅，尺垫两只，30～50m 卷尺（或皮尺）一把，测伞一把，记录板一块，工具包一只，自备水准尺扶杆四只，铅笔、小刀等文具用品。

五、实训指导

1. 踏勘、选点、造标、埋石

（1）全队以班为单位由指导教师带领踏勘测区，了解测区情况及任务，领会建网的目的和意义。

（2）在教师指导下进行实地选点并建立标志，每组做一个点的点之记。

2. 精密水准测量

（1）控制点单程二等水准测量的观测和记录，并取得合格的观测成果。

（2）水准路线全线外业观测成果的验算和成果表的编算。

（3）精密水准测量作业限差与技术要求。二等精密水准测量观测限差见表4—4，二等水准路线主要技术指标见表4—5。

表4—4　　　　　　　　　　二等精密水准测量观测限差（使用仪器：DSZ₂）

等级	最大视线长度	前后视距差	任一测站前后视距累积差	视线高度	上下丝读数平均值与中丝读数之差	基辅分划读数差	一测站观测两次高差之差
二	50m	1.0m	3.0m	下丝 0.3m	3.0mm	0.4mm	0.6mm

表 4—5　　　　　　　　　　　　　　　　二等水准路线主要技术指标

等级	每千米高差中数中误差		路线往、返测高差不符值	附合路线或环线闭合差	检测已测测段高差之差	水准网中最弱点相对于起算点的高程中误差	每公里高差中数中误差
	偶然中误差	全中误差					
二	± 1	± 2	$\pm 4\sqrt{L_s}$	$\pm 4\sqrt{L}$	$\pm 6\sqrt{L_i}$	$\pm 20mm$	$\pm 2mm$

表中：

$$偶然中误差\ M_\Delta = \pm\sqrt{\frac{1}{4n'}\left(\frac{\Delta\Delta}{L_s}\right)}\qquad 全中误差\ M_W = \pm\sqrt{\frac{1}{N}\left(\frac{WW}{L}\right)}$$

3. 全站仪导线测量

（1）正确掌握全站仪的使用方法。

（2）按城市测量规范的技术要求，各组测定闭合导线的水平角和边长。各组提交观测成果资料一份。

（3）作业限差与技术要求。导线测量主要技术要求见表 4—6，导线测量水平角观测各项限差见表 4—7。

表 4—6　　　　　　　　　　　　　　　　导线测量主要技术要求

等级	方位角闭合差（″）	每边测距中误差	测角中误差（″）	导线全长相对闭合差	观测次数	测回数	一测回读数较差	单程测回间较差
四	$\pm 5\sqrt{n}$	$\pm 18mm$	± 2.5	1/40000	往返 1 次	4	5mm	7mm

表 4—7　　　　　　　　　　　　　　　　导线测量水平角观测各项限差

等级	测角中误差（″）	测回数		［左角］中 ＋ ［右角］中 －360°＝Δ（″）	方位角闭合差
		DJ_1	DJ_2		
四	± 2.5	4	6	± 5.0	$\pm 5\sqrt{n}$

注：n 为转折角个数。

　　距离测量应在两个时间段内往返测量，其测回数不少于四测回。一测回的含义是照准一次读数四次。

　　气象数据的测定，温度最小读数为 0.2℃，气压最小读数为 0.5mmHg，测定的时间间隔为一测站同时段观测的始末，气象数据的取用为测边两端的平均值。

4. 外业成果概算和内业平差计算

（1）上述各项测量外业工作结束后，需随时对观测成果进行整理和检查。在取得指导教师认可后，每个同学应对本组观测成果及时进行外业成果概算。

（2）概算成果通过各项检核后，进行平差计算。要求每人独立完成一份。

　　应该指出，上列全部实训任务的完成，可能会受到时间和仪器条件的限制，因此，可以酌情减免少量内容。对于必须完成的实训内容，可以在大组或小组之间平行作业，定期对换作业内容。为此，实训前各实训组应该编制实训工作进程表。

　　虽然实训时实训小组可分为精密水准测量、全站仪测量两组工作，但实训期间两组可对换与交叉使用，以保证各组和每位同学必须完成规定的全部实训内容，并上交相应的实训资料。

六、注意事项

1. 在实训期间各实训小组必须对仪器装备妥善保管，爱护使用，交接时按清单点数，并最后签名。

2. 每天出工前和收工后，组长负责清点仪器装备数量和检查仪器装备是否完好无损，如发现问题应及时报告。

3. 仪器应放在明亮、干燥、通风之处，不准放在潮湿地面上。

4. 每次出发作业前，应检查仪器背带、提手、仪器箱的搭扣是否牢固，搬站时应将仪器抱在身上。

5. 从仪器箱内取用仪器时，应一手握住仪器基座，一手托住仪器支架，从仪器脚架上取下仪器放回箱内时，也应这样做，并将仪器按正确位置放置。

6. 仪器安置在测站上时，始终应有人看管；在野外使用仪器时，不得使仪器受到阳光的照射；暂停观测或遇小雨时，首先应把物镜罩盖好，然后用测伞挡住仪器。

7. 水准测量时，扶尺竹杆仅为了使尺子扶稳，绝不允许脱开双手；工作间歇时不允许将水准尺靠在树上或墙上，应背阳侧放在平坦的地面上。

8. 观测员将仪器安置在脚架上时，一定要拧紧连接螺旋和脚架制紧螺旋，并由记录员复查。否则，由此产生的仪器事故，由二者分担责任。

9. 使用钢尺时，不能使尺面扭曲，不得在地面上拖拉或踩踏，用完后要用布擦净。

10. 使用计算器时要注意爱护，切勿掉落在地上。注意节约使用电源，注意清洁，用毕装入皮套。

11. 使用全站仪时，应严格按照使用说明书的要求操作和搬运。记录数据用铅笔，严禁涂改数据，要求记录本干净整洁。

12. 每天实训收工后，应及时整理当天的外业观测资料，并做好资料的保管。

13. 要求学生每天记录工作日志，以便书写控制测量实训报告，在实训结束时，同实训资料成果一并上交。

七、上交资料

1. 每个测量小组应上交的资料：
(1) 导线网略图、各点的点之记。
(2) 全网各点的水平方向观测手簿和水准测量观测手簿。
(3) 高差和计算高程表（含三角高程计算表）。
(4) 水准网略图。
(5) 导线的计算成果表（包括坐标、水准测量高程、三角测量高程）。
(6) 技术小结。
2. 每人应提交实训报告。

个人实训总结	成绩	

实训四 | 工程测量实训指导（二周）

一、实训目的

　　工程测量实训是一门实践性很强的专业主干课，通过对测量仪器的亲自操作，完成安置、观测、记录、计算、填写实验报告等实训项目，从而真正掌握工程测量学课程的基本方法和基本技能。

二、实训任务

　　实训任务包括"点位放样"、"测设圆曲线主点"、"测设竖曲线"以及"建筑物沉降观测"四部分，见表4—8。同学们要积极参与，勤于思考，通过自己认真实习，可以快速将课本所学的理论知识与实践应用结合起来，为将来从事专业的测绘工作奠定扎实的基础。

三、实训内容与时间安排

表 4—8　　　　　　　　　　　　　　　　实训内容与时间安排

序号	实训项目名称	实训要求	实训内容简介	应达到的基本要求	时间	主要仪器设备
1	点位放样	必做	根据已知坐标，将点位在标地标出来	在实地进行点位放样	3.5 天	全站仪
2	测设圆曲率主点	必做	计算圆曲线元素及主点里程，进行主点测设	独立完成圆曲率主点的测设工作	2 天	DJ$_6$ 型光学经纬仪、测钎
3	测设竖曲线	必做	测设各点的水平距离值，并设置竖曲线桩	独立完成各个竖曲线桩的高程测设工作	2 天	经纬仪、钢尺
4	建筑物沉降观测	必做	在实训场地按水准控制测量的方法测量水准基点的高程	能独立完成建筑物的沉降观测	2 天	DS$_3$ 型微倾式水准仪、水准尺和尺垫
5	总结		整理数据，写报告	应该基本完成	0.5 天	

四、实训指导

　　1. 点位放样

　　使用全站仪进行点位放样，如图4—2所示，根据设计的待放样点 P 及已知点的坐标，

在实地标出 P 点的平面位置。在放样过程中，通过对照准点的角度、距离或坐标的测量，仪器将显示出预先输入的放样值与实测值之差以指导放样。

显示值＝实测值－放样值

放样测量应使用盘左位置进行。

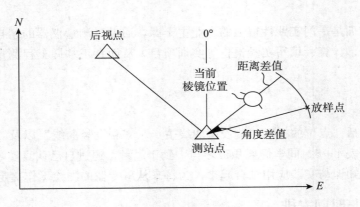

图 4—2　全站仪放样

在输入待放样点的坐标后，仪器计算出所需水平角值和平距值并存储于内部存储器中。借助于角度放样和距离放样功能，可设定待放样点的位置。

（1）在测量模式第二页菜单下按"放样"，进入放样测量菜单屏幕。也可在菜单模式选取"放样测量"进入坐标放样。

（2）选取"测站设置"进行测站数据输入，选取"方位角"完成仪器定向，选取"仪器棱镜高"输入仪器及目标高。

（3）选取"放样数据"后回车，进入放样数据输入屏幕。

（4）按"坐标"，进入放样坐标输入屏幕。在 N_p、E_p、Z_p 中分别输入待放样点的三个坐标值，每输完一个数据项后按回车。需调用内存坐标数据按"查找"。

（5）上述数据输入完毕后，按"确定"。仪器计算出放样所需距离和水平角并显示在屏幕上。

（6）按"确定"进入放样观测屏幕。

（7）按"引导"进入放样引导屏幕。定出待放样点的平面位置。此时第四行位置上显示的值为目标点与待放样点的高差。↑ 表示向上移动棱镜；↓ 表示向下移动棱镜。

（8）向上或向下移动棱镜至第四行位置上显示的值为 0m（当该值接近于 0m 时，屏幕上显示出两个箭头）。当第二、三、四行的显示值均为 0 时，测杆底部所对应的位置即为待放样点的位置。按"停止"可停止测量，完成该点放样。

（9）按"差值"显示坐标放样成果。按"ESC"返回放样测量菜单屏幕。

测设的复核与检查：首先将全站仪分别安置在放样点上，检查每个转折角，其差值不能超过 $1'30''$，否则应查找原因，必要时重新测设。其次，分别检查各边长度，其相对误差不应超过 1/3000，否则应查找原因，必要时重新测设。

2. 测设圆曲线主点

圆曲线测设示意图如图 4—3 所示。圆曲线要素及其计算：

切线长 $T = R\tan\dfrac{\alpha}{2}$

曲线长 $L = \dfrac{\alpha R \pi}{180°}$

外矢距 $E = R\left(\sec\dfrac{\alpha}{2} - 1\right)$

切曲差 $Q = 2T - L$

圆曲线主点的里程计算：

ZY 桩号＝JD 桩号－T

QZ 桩号＝ZY 桩号＋L/2

YZ 桩号＝QZ 桩号＋L/2

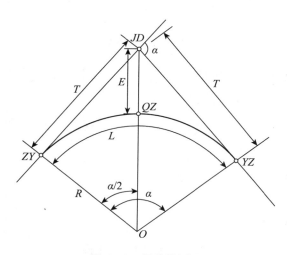

图 4—3 圆曲线测设

在圆曲线元素及主点里程计算无误后，即可进行主点测设。

（1）测设圆曲线起点和终点。在交点上安置经纬仪，后视中线方向的相邻点 JD_1，自 JD 沿着中线方向量取切线长度 T，得曲线起点 ZY 点的位置，插上测钎；逆时针转动照准部，测设水平角（180°－α）得 YZ 点的方向，然后从 JD 出发，沿着确定的直线方向量取切线长度 T，得曲线终点 YZ 点位置，也插上测钎。再用钢尺丈量插测钎点与最近的直线桩点距离，如果两者的水平长度之差在允许的范围内，则在插测钎处打下 ZY 桩与 YZ 桩。如果误差超出允许的范围，则应该找出原因，并加以改正。

（2）测设圆曲线的中点。经纬仪在 JD 上照准前视点 JD_2 不动，水平度盘置零，顺时针转动照准部，使水平度盘读数为 β＝（180°－α）/2，得曲线中点的方向，在该方向从上交点 JD 丈量外矢距 E，插上测钎。同样，按照以上方法丈量与相邻桩点距离进行校核，如果误差在允许的范围内，则在插测钎处打下 QZ 桩。

3. 测设竖曲线

竖曲线的测设就是根据纵断面图上标注的里程及高程，以附近已放样处的整桩为依据，向前或向后测设各点的水平距离值，并设置竖曲线桩。然后测设各个竖曲线桩的高程。如图4—4所示。其测设步骤如下：

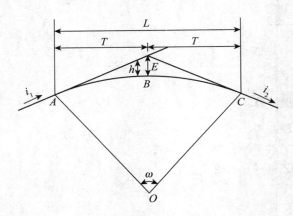

图4—4 竖曲线测设

（1）计算竖曲线元素 T、L 和 E。

$w = i_1 - i_2$（$w > 0$ 时为凹曲线，$w < 0$ 时为凸曲线）

切线长：$T = \dfrac{1}{2} R \mid i_1 - i_2 \mid = \dfrac{1}{2} Rw$

曲线长：$L = 2T$

外矢距：$E = \dfrac{T^2}{2R}$

（2）推算竖曲线上各点的桩号：

曲线起点桩号＝变坡点桩号－竖曲线的切线长

曲线终点桩号＝曲线起点桩号＋竖曲线长

（3）竖曲线上任意点竖距

$$h = \dfrac{l^2}{2k}$$

式中：l——竖曲线任意点至竖曲线起点（终点）的距离（m）；

$\quad\quad k$——竖曲线时半径（m）。

当竖曲线为凹形时，式中取"＋"；竖曲线为凸形时，式中取"－"。

（4）从变坡点沿路线方向向前或向后丈量切线长 T，分别得竖曲线的起点和终点。

（5）由竖曲线起点（或终点）起，沿切线方向每隔5m在地面上标定一桩。

（6）测设各个细部点的高程，在细部点的桩上标明地面高程与竖曲线设计高程之差。

4. 建筑物沉降观测

为确保高层建筑物施工安全，防止建筑物垂直沉降过快，需要在施工过程中对建筑物的垂直沉降进行监测。在实训场地找一块松软的泥地，打下四根木桩（形成矩形，模拟建筑物沉降观测点），在木桩上钉上铁钉，作为沉降观测点；按水准控制测量的方法测量水准基点的高程。

（1）从实验场地的某一水准点出发，选定一条闭合水准路线，路线长度为2000～3000m。

（2）安置水准仪的测站至前、后视立尺点的距离相等，其观测次序如下。

往测奇数站的观测程序：后—前—前—后；往测偶数站的观测程序：前—后—后—前。

返测奇数站的观测程序：前—后—后—前；返测偶数站的观测程序：后—前—前—后。

（3）手薄记录和计算。

见附表"二、三等水准测量记录"中按表头的次序（1）～（8）、（9）～（18）为计算结果：

后视距离（9）＝100×｛（1）－（2）｝

前视距离（10）＝100×｛（5）－（6）｝

视距之差（11）＝（9）－（10）

视距累计差（12）＝上站（12）＋本站（11）

基辅分划差（13）＝（4）＋K－（7）（K＝30 155或60 655，视标尺而定）

（14）＝（3）＋K－（8）

基本分划高差（15）＝（3）－（4）

辅助分划高差（16）＝（8）－（7）

高差之差（17）＝（14）－（13）＝（15）－（16）

平均高差（18）＝｛（15）＋（16）｝/2。

每站读数结束记录（1）～（8），随即进行各项计算（9）～（18），并按表4—9和表4—10进行各项检查后，满足如下限差后，才能搬站。进行水准路线闭合差计算与闭合差分配，计算各水准点的概略高程。最后进行平差计算。

表4—9 　　　　　　　　　　**垂直位移监测基准网的主要技术要求**

等级	相邻基准点高差中误差（mm）	变形监测点高程中误差（mm）	每站高程中误差（mm）	往返较差或环线闭合差（mm）	检测已测高差较差（mm）
一等	0.3	0.3	0.07	$0.15\sqrt{n}$	$0.2\sqrt{n}$
二等	0.5	0.5	0.15	$0.30\sqrt{n}$	$0.4\sqrt{n}$
三等	1.0	1.0	0.30	$0.60\sqrt{n}$	$0.8\sqrt{n}$
四等	2.0	2.0	0.70	$1.40\sqrt{n}$	$2.0\sqrt{n}$

表4—10 　　　　　　　　　　**水准观测的主要技术要求**

等级	水准仪型号	视线长度（m）	前后视距较差（m）	前后视距差累积（m）	视线离地面最低高度（m）	基、辅分划读数差（mm）	基、辅分划所测高差较差（mm）
一等	DS$_{05}$	15	0.3	1.0	0.5	0.3	0.4
二等	DS$_{05}$	30	0.5	1.5	0.5	0.3	0.4

续前表

等级	水准仪型号	视线长度（m）	前后视距较差（m）	前后视距差累积（m）	视线离地面最低高度（m）	基、辅分划读数差（mm）	基、辅分划所测高差较差（mm）
三等	DS$_{05}$	50	2.0	3.0	0.3	0.5	0.7
	DS$_1$	50	2.0	3.0	0.3	0.5	0.7
四等	DS$_1$	75	5.0	8.0	0.2	1.0	1.5

（4）注意事项。

①观测员在观测中，不允许为满足限差要求而凑数，以免成果失去真实性。

②记录员除了记录与计算之外，还必须检查观测数据是否满足限差要求，否则应立即通知观测员重测。记录员要牢记观测程序，记录不要错误，字迹整齐，不得涂改。测站上计算和检查完毕确信无误后才可搬站离开。

③扶尺员在观测之前必须将标尺立直扶稳，严禁双手脱离标尺，以防摔坏标尺的事故发生。

④量距要保持通视，前后视距要尽量相等并且要保证一定的视线高度，尽可能使仪器和前后标尺在一条直线上。

五、注意事项

要爱护学校的测量仪器，精心使用，轻拿轻放，不准坐在仪器箱上，水准尺、钢尺不准在地面上拖动，水准仪、经纬仪用毕，要把制动螺旋松开，然后放入仪器箱内。

注意测量工具的保管，水准仪、经纬仪、测钎、钢尺等要有专人看管，丢失责任人应负相应的赔偿责任。

六、上交资料

各项原始记录，测量实训总结，闭合水准路线的平差计算，二等水准测量记录及检核计算，圆曲线、竖曲线的测设数据等内容。

二、三等水准测量观测记录

日期：　　　　　　　仪器型号：　　　　　　　观测者：
时间：　　　　　　　天　气：　　　　　　　记录者：

测站编号	后尺 上丝 下丝	前尺 上丝 下丝	方向及尺号	标尺读数		基加 K 减辅 ①－②	备注
	后距	前距		基本分划①	辅助分划②		
	视距差 d	∑d					
	(1)	(5)	后	(3)	(8)	(14)	
	(2)	(6)	前	(4)	(7)	(13)	
	(9)	(10)	后—前	(15)	(16)	(17)	
	(11)	(12)	h	(18)			
			后				
			前				
			后—前				
			h				
			后				
			前				
			后—前				
			h				
			后				
			前				
			后—前				
			h				
			后				
			前				
			后—前				
			h				
			后				
			前				
			后—前				
			h				

检核计算：

个人实训总结	成绩	

实训五 | 数字化成图实训指导（二周）

一、实训目的

1. 了解全站仪数字化测图的作业过程。
2. 掌握全站仪采集地面特征点坐标的方法。
3. 掌握小地区大比例尺数字测图方法和数字成图软件的使用方法。

二、实训任务

在为期两周的实训时间里，完成校园的数字化测图任务，各小组测绘一幅1∶1000数字地形图。每天的作息时间为，早8∶30以前必须到达测量实训场地，中午11∶40实训结束，但12∶00以前绝不允许进入教学楼内，下午13∶30分以前必须到达实训场地，下午14∶50分以后实训结束。实训的主要地点在校园内，测区由指导老师具体划定。

三、实训内容与时间安排

数字化成图实训内容与时间安排见表4—11。

表 4—11   实训内容与时间安排

序号	实训项目名称	实训要求	实训内容简介	应达到的基本要求	时间/学时	主要仪器设备
1	首级控制测量	必做	包括选点、静态GPS卫星定位测量等	能掌握选点要领，能独立进行静态GPS观测	6	静态GPS（或RTK）
2	小区域控制测量	必做	包括三等水准测量、全站仪导线测量等	能独立进行三等水准测量和全站仪导线测量	22	水准仪、全站仪
3	碎部点的外业采集	必做	全站仪的基本操作及碎步点采集	能独立完成全站仪的设置和外业观测	22	全站仪、（或RTK）
4	野外数据的传输及地形图的内业处理	选做	野外数据成果的传输，地形图的内业处理	能进行测量数据的传输，熟悉内业处理	10	全站仪、计算机

四、实训指导

1. 首级控制测量

首级控制测量采用阿斯泰克静态GPS卫星测量定位仪和拓普康RTK动态卫星测量定

位仪施测，在施测过程中，基站和流动站应严格对中及整平，操作过程应严格遵守操作规程，保证测量仪器的绝对安全，应在实训指导教师的指导下进行。

2. 小区域控制测量

（1）选点。

每个测量实训小组选出 8～12 个点，组成具有多条边的闭合导线。点与点之间的距离为 40～80m 之间，用油漆或其他方法在地面上作出标记，并注以编号。如第一组的各个点编排为 1—1、1—2、1—3 等，第二组的各个点编排为 2—1、2—2、2—3 等。此外，每个小组所布设的闭合导线应与相邻小组的闭合导线相连接，也就是说相邻小组的闭合导线至少有两个公共点，整个班级的闭合导线网应覆盖整个校园。

（2）水准测量。

本次测量实训采用三等水准测量方法施测，记录方式和限差应严格按照《三等水准测量记录表》的格式和要求来完成。

记录要求：｜黑面读数＋K－红面读数｜≤2mm

｜黑面高差－红面高差｜≤3mm

观测顺序：后—前—前—后

即先读后尺黑面的上、下丝读数及中丝读数，再读前尺黑面的上、下丝读数及中丝读数，然后读前尺红面的中丝读数，最后读后尺红面的中丝读数。

高差中数取至 0.1mm，高差闭合差 f_h 等于闭合水准路线的所有高差中数之和。

高差闭合差的允许值

$$f_{h允}＝\pm12\sqrt{L}\text{mm} \text{ 或 } f_{h允}＝\pm4\sqrt{n}\text{mm}$$

式中：L——闭合水准路线总长度（km）；

n——闭合水准路线的总测站数。

在三等水准测量的施测过程中，仪器至水准尺的距离最远不得超过 65m。

每个测段均应进行往返观测。

（3）平面控制测量。

采用苏州光学仪器厂生产的 702 型全站仪或北京博飞光学仪器厂生产的 802CA 型全站仪，测量闭合导线的转折角，按三级闭合导线的技术要求实施，每个转折角测两测回，如上、下两个半测回角的差值小于 24″，则取其平均值作为一测回的角值。

两测回之间角值的差值小于 24″，则取其平均值作为该角值的最后结果。

多边形角度总和为：$\sum\beta_{理}＝(n－2)\times180°$ $f_\beta＝\sum\beta_{测}－\sum\beta_{理}$

闭合导线的角度闭合差限差：$f_\beta＝\pm24\sqrt{n}$″   （其中 n 为多边形的边数）

如果各项数据不符合要求，或者观测和计算成果超出限差，要进行重新观测。

各项记录要用铅笔记录，不准涂抹，记录发生错误，应划掉重写，保持原始记录的清晰和整洁。

在相邻小组的闭合导线公共点上，各角度测量应采用方向观测法（全圆方向观测法）观测两测回，各测回仍按 180°/n 变动水平度盘起始位置，半测回归零差不应超过 ±8″。

同一测回各方向 2c 互差不应超过 ±13″，各测回同一方向归零后的方向值较差不应超过 ±9″。

$$2c = 盘左读数 - (盘右读数 \pm 180°)$$

每条边长采用全站仪施测，往返测量。往返测量的相对误差：

$$K = \frac{|D_{往} - D_{返}|}{D_{平均}}, K < \frac{1}{20000}$$

（4）附、闭合导线的计算。

附、闭合导线外业观测完成后，应进行内业计算。其中测角中误差限差为 $\pm 12''$，在通过首级控制测量测定起始点坐标及起始坐标方位角后，进行各未知点坐标的计算，方位角闭合差限差为 $\pm 24\sqrt{n}''$，导线全长相对闭合差限差为 1/5000，否则应重测。

3. 碎部点的外业采集

各测量小组要在实训指导教师的安排和指导下，进行碎部点的外业采集。测量步骤如下：

（1）碎部点的测量。

碎部点测量的主要任务就是测绘整个校园的大比例尺地形图，采用苏州光学仪器厂生产的 702 型全站仪或北京博飞光学仪器厂生产的 802CA 型全站仪进行碎部点的采集，注意线条、地貌符号及各种地物符号的绘制，尤其要注意等高线的内插、注记及等高线的绘制方法。在碎部点的测量过程中，各测量小组在实训指导教师的指导下独立完成，碎部点要选在地物及地貌的特征点上，在平坦地区，每隔 20m 左右也要选择碎部点进行测量，以保证图幅中高程点的密度。

（2）测站设置。

各测量小组在导线点上进行对中、整平后，要及时进行测站设置。包括输入测站点的坐标、后视点的坐标、测站高程、仪器高、觇标高、温度、气压、湿度等。每个测站仪器高的量取，要读至 mm，用钢尺或钢卷尺量取。

（3）数据的采集、处理及保存。

在数据采集的过程中，应注意将采集的各碎部点间的相互关系绘制清楚，及时标注地物类型，及时绘制直线、曲线、独立符号及面状符号，逐步熟悉全站仪键盘上各按键的功能，熟背全站仪显示屏上各种符号的意义及作用，并能熟练使用。每个测量小组应能独立处理数据采集过程中所遇到的一些实际问题，每个测站的数据采集结束后应及时进行保存，以避免数据丢失。

4. 野外数据传输及地形图的内业处理

外业数据采集及处理工作完成后，要及时进行野外数据传输及地形图的内业处理。

（1）野外数据成果传输。

外业工作完成后，要及时利用全站仪通信传输软件将野外成果数据传输到微机中，在传输过程中，要记住保存时所设置的工程名称，调出时一定要以相同的工程名称调出，避免出错。

（2）地形图的内业处理。

将野外成果数据传输到微机中后，要以小组为单位进行地形图的内业处理工作，以 AutoCAD 为操作平台，采用 CASS7.0 数字化成图软件进行地形图的内业处理工作。

内业处理工作中要参照 GB/T 20257.1—2007《国家基本比例尺地图图式 第 1 部分：1：500 1：1000 1：2000 地形图图式》，各种地物的符号要及时填写及标注，等高线要圆滑，线条粗细要区别不同情况按规定处理，广场、花卉苗圃、河流、单位名称要标注清楚，各种道路要分清主次等级，并标明铺装材料。

最后，各个测量实训小组要将自己的成果上交实训指导教师，统一编辑后作为全班的测绘成果，再由各个测量小组进行内外图廓的绘制，进行坐标方格网的绘制以及进行图名、接合图表、平面坐标系、高程坐标系的填写等事项。

五、注意事项

1. 实训中，学生应遵守《测量实验实训须知》中"测量仪器工具借领"、"测量仪器及工具的正确使用"的有关规定。

2. 实训期间，各组组长应切实负责，合理安排小组工作。应使每一项工作都由小组成员轮流负责，使每人都有练习的机会，切不可单纯追求实习进度。

3. 实训中，应加强团结。组内以及各组之间都应团结协作，以保证实习任务的顺利完成。

4. 实训期间，要特别注意仪器的安全。各组要指定专人妥善保管。每天出工和收工都要清点仪器和工具数量，检查仪器和工具是否完好无损。发现问题要及时向指导教师报告。

5. 仪器安置在测站上时，要始终有人看管。观测员将仪器安置在脚架上时，一定要拧紧连接螺旋和脚架螺旋，并由记录员复查。否则，由此产生的仪器事故，由两人分担责任。

6. 使用全站仪时，要遵守《全站仪使用说明书》的有关规定。切不可将全站仪望远镜对准太阳，以免损坏光电元件。镜站必须有人看管，以保证棱镜的安全和正确的安置。

7. 观测数据必须直接记录在规定的手簿中，不得用其他纸张记录再行转抄。严禁擦拭、涂改数据。

8. 严格遵守实训纪律。未经指导教师同意，不得缺勤，不得私自外出，否则实训成绩以零分记。

六、上交资料

1. 每人上交一份测量实训报告。包括各项原始记录、测量实训总结、闭合水准路线、闭合导线的平差计算等内容。

2. 每个测量小组上交校园整体地形图一份（电子版）及打印出的比例尺为 1：1000 的校园整体地形图一张。

三等水准测量外业记录表

日期： 　　　　仪器型号： 　　　　观测者：
时间： 　　　　天　　气： 　　　　记录者：

测站编号	后尺 上丝（m）/下丝（m) 后距（m) 视距差（m）	前尺 上丝（m）/下丝（m) 前距 累加差（m）	方向及尺号	中丝读数（m) 黑面（m）	中丝读数（m) 红面（m）	K＋黑—红（mm）	高差中数（m）	观测者
	（1）	（4）	后尺1#	（3）	（8）	（14）		
	（2）	（5）	前尺2#	（6）	（7）	（13）	（18）	
	（9）	（10）	后—前	（15）	（16）	（17）		
	（11）	（12）						
			后尺2#					
			前尺1#					
			后—前					
			后尺1#					
			前尺2#					
			后—前					
			后尺2#					
			前尺1#					
			后—前					
			后尺1#					
			前尺2#					
			后—前					
			后尺1#					
			前尺2#					
			后—前					

控制点成果表

点名	坐标		高程（m）	备注
	X（m）	Y（m）		

个人实训总结	成绩	

第五部分 技能操作模拟试题

中级测量放线工实际操作试题

一、经纬仪的操作技能（70分）

1. 考试内容

（1）用测回法完成三个水平角（一个圆周）的观测。

（2）完成记录、计算，求出圆周闭合差并校核。

（3）每个水平角观测一测回。

2. 考试要求

（1）严格按测回法的观测程序作业。

（2）记录、计算正确、清洁，字体工整。

（3）上、下半测回值差≤±40″。

（4）圆周闭合差≤±1′08″。

3. 评分标准

（1）考试时间要求：

$20'<T\leqslant25'$	－10分
$25'<T\leqslant35'$	－20分
$T>35'$	－35分

（2）各项考试要求不能满足的每项扣10分，扣完70分为止。

二、水准仪操作技能（30分）

1. 考试内容

（1）安置仪器，测量两固定点的高差。

（2）完成记录、计算。

2. 考试要求

（1）严格按技术操作规程操作仪器。

（2）记录、计算正确、清洁，字体工整。

（3）水准管复合气泡影像错动≤1mm。

3. 评分标准

（1）考试时间要求：

$2'40''<T≤3'20''$ 　　　　　　−5分

$3'20''<T≤4'$ 　　　　　　−10分

$T>4'$ 　　　　　　−15分

（2）各项考试要求不能满足的每项扣5分，扣满30分止。

测回法观测水平角记录表

目　标	盘　位	读　数 （° ′ ″）	半测回角值 （° ′ ″）	一测回角值 （° ′ ″）	各测回角值 （° ′ ″）

注：分和秒要记足两位。

普通水准测量记录表（变动仪器高法）

立尺点	后视读数	前视读数	高　差
高差平均值＝			
误差＝			

注：记录以米为单位，记足四位数。

高级测量放线工实际操作试题

试题一：测回法进行正五边形放样（边长 5m）

考核要求：

作业时间：作业 40 分钟，进场准备 5 分钟，共计 45 分钟。

本项目满分 45 分。

使用仪器、工具：校验过的 JD_6 型光学经纬仪一套/组、带垂球的三角铁架两个、钢尺、小钉、白线、铅笔等。

作业方法：用测回法确定每一个放样点，钉上中心钉，最后挂线。

试题二：闭合水准路线测量

考核要求：

作业时间：作业 40 分钟，进场准备 5 分钟，共计 45 分钟。

本项目满分 55 分。

使用仪器、工具：校验过的 DS_2 自动安平水准仪一套/组、水准尺两根、记录板、计算器、铅笔等。

作业方法：严格按操作规程作业，每组测 4 个测站组成的闭合线路，每一测站均采用改变仪器高法测两次取其平均值，还要进行高差闭合差的计算及调整，最后计算出各点的高程，并进行计算校核。假设起始点高程为 25.00m。

图书在版编目（CIP）数据

工程测量实验实训指导书/李梅主编；中国高等教育学会组织编写. —北京：中国人民大学出版社，2013.7

普通高等教育"十二五"高职高专规划教材·专业课（理工科）系列

ISBN 978-7-300-17815-8

Ⅰ.①工… Ⅱ.①李… Ⅲ.①工程测量-实验-高等学校-教学参考资料 Ⅳ.①TB22-33

中国版本图书馆 CIP 数据核字（2013）第 165084 号

工程测量实验实训指导书
中国高等教育学会 组织编写
主 编 李 梅
副主编 刘学军 牛志宏
主 审 陈正耀 许金渤
Gongcheng Celiang Shiyan Shixun Zhidaoshu

出版发行	中国人民大学出版社			
社 址	北京中关村大街 31 号		**邮政编码**	100080
电 话	010 - 62511242（总编室）		010 - 62511398（质管部）	
	010 - 82501766（邮购部）		010 - 62514148（门市部）	
	010 - 62515195（发行公司）		010 - 62515275（盗版举报）	
网 址	http://www.crup.com.cn			
	http://www.ttrnet.com(人大教研网)			
经 销	新华书店			
印 刷	北京昌联印刷有限公司			
规 格	185mm×260mm 16 开本		**版 次**	2013 年 7 月第 1 版
印 张	7.75		**印 次**	2013 年 7 月第 1 次印刷
字 数	150 000		**定 价**	16.00 元